纺织职业教育“十二五”部委级规划教材

合成纤维及其混纺制品染整

刘仁礼　主编

中国纺织出版社

内 容 提 要

本书主要介绍了涤纶、腈纶、锦纶及涤棉混纺织物的染整加工工艺、生产技术及操作步骤和注意事项，并简要介绍了含氨纶弹性织物、新合纤织物的染整加工特点。

本书内容既注重了实用性，又突出了专业性，可作为中职、高职高专院校染整技术专业教材，也可供印染行业的技术人员参考。

图书在版编目（CIP）数据

合成纤维及其混纺制品染整/刘仁礼主编．—北京：中国纺织出版社，2015.5（2024.1重印）

纺织职业教育“十二五”部委级规划教材

ISBN 978-7-5180-1474-3

Ⅰ.①合… Ⅱ.①刘… Ⅲ.①合成纤维—染整—职业教育—教材 ②混纺织物—染整—职业教育—教材 Ⅳ.①TS90.6

中国版本图书馆CIP数据核字（2015）第061999号

策划编辑：孔会云　　责任编辑：朱利锋　　责任校对：王花妮
责任设计：何　建　　责任印制：何　建

中国纺织出版社出版发行
地址：北京市朝阳区百子湾东里A407号楼　邮政编码：100124
销售电话：010—67004422　传真：010—87155801
http：//www.c-textilep.com
中国纺织出版社天猫旗舰店
官方微博 http：//weibo.com/2119887771
北京虎彩文化传播有限公司印刷　各地新华书店经销
2015年5月第1版　2024年1月第8次印刷
开本：787×1092　1/16　印张：7.25
字数：147千字　定价：39.00元

凡购本书，如有缺页、倒页、脱页，由本社图书营销中心调换

出版者的话

《国家中长期教育改革和发展规划纲要》（简称《纲要》）中提出“要大力发展职业教育”。职业教育要“把提高质量作为重点。以服务为宗旨，以就业为导向，推进教育教学改革。实行工学结合、校企合作、顶岗实习的人才培养模式”。为全面贯彻落实《纲要》，中国纺织服装教育协会协同中国纺织出版社，认真组织制订“十二五”部委级教材规划，组织专家对各院校上报的“十二五”规划教材选题进行认真评选，力求使教材出版与教学改革和课程建设发展相适应，并对项目式教学模式的配套教材进行了探索，充分体现职业技能培养的特点。在教材的编写上重视实践和实训环节内容，使教材内容具有以下三个特点：

（1）围绕一个核心——育人目标。根据教育规律和课程设置特点，从培养学生学习兴趣和提高职业技能入手，教材内容围绕生产实际和教学需要展开，形式上力求突出重点，强调实践。附有课程设置指导，并于章首介绍本章知识点、重点、难点及专业技能，章后附形式多样的思考题等，提高教材的可读性，增加学生学习兴趣和自学能力。

（2）突出一个环节——实践环节。教材出版突出高职教育和应用性学科的特点，注重理论与生产实践的结合，有针对性地设置教材内容，增加实践、实验内容，并通过多媒体等形式，直观反映生产实践的最新成果。

（3）实现一个立体——开发立体化教材体系。充分利用现代教育技术手段，构建数字教育资源平台，开发教学课件、音像制品、素材库、试题库等多种立体化的配套教材，以直观的形式和丰富的表达充分展现教学内容。

教材出版是教育发展中的重要组成部分，为出版高质量的教材，出版社严格甄选作者，组织专家评审，并对出版全过程进行跟踪，及时了解教材编写进度、编写质量，力求做到作者权威、编辑专业、审读严格、精品出版。我们愿与院校一起，共同探讨、完善教材出版，不断推出精品教材，以适应我国职业教育的发展要求。

中国纺织出版社

教材出版中心

前　言

《合成纤维及其混纺制品染整》是根据国家教育部统一教学大纲，由具有丰富生产实践经验及教学经验的教师编写，得到了企业技术人员的指导，并有企业技术人员参与编写。

本书改变了以往教材全书按前处理、染色、后整理三大生产工序的编排顺序，改为以最终产品的染整加工编排，解决了以往在学习某一章节时“只见树木，不见森林”的片面性，便于学习者对产品的染整加工工艺和技术有一个完整的认识。

本书按照“项目引领、任务驱动、工学结合”课程建设理念与思路进行编写，力求打破传统学科本位的课程结构，理论部分以必需、够用为原则，实践部分以适应岗位技能要求为度，特别注重操作技能和岗位能力的培养。本书内容既注重了实用性，突出了专业性，又介绍了新技术、新工艺，可作为中职、高职高专院校染整技术专业教材，也可供印染行业的技术人员参考学习。

本书由曾长期工作于印染企业第一线的广西纺织工业学校刘仁礼主编。项目一由广西纺织工业学校黄珍芳编写，项目二由绍兴中等专业学校王飞编写，项目三由印染企业工程师曾瑞玲（广西纺织工业学校兼职教师）编写，项目四由刘仁礼编写，全书由刘仁礼负责统稿。

本书在编写过程中参阅了国内许多知名专家和学者编写的教材及一些技术资料；柳州市润澄针织有限公司、广东恩平锦立有限公司等印染企业的技术人员参与了教材的编审工作；广西纺织工业学校的何庆熙、蒙肖锋参与了绘制插图工作，在此一并表示衷心感谢。

由于编者水平有限，且编写时间仓促，书中难免有错误和不妥之处，希望各位读者批评指正。

编者
2014年10月

目录

项目一　涤纶制品染整

✲学习目标

●知识目标

（1）能描述涤纶织物染整各工序常用设备安全操作规范；

（2）能说出涤纶织物染整各工序工艺流程；

（3）能描述涤纶织物染整各工序加工方法及特点；

（4）能记住涤纶织物染整加工主要工艺参数。

●技能目标

（1）会制订涤纶织物前处理、染色及后整理一般工艺；

（2）会根据工艺处方配制工作液；

（3）会用小样染色设备实施涤纶织物染色工艺；

（4）会根据工艺单实施涤纶织物染整加工。

✲项目描述

印染厂接到涤纶织物染整加工生产订单，必须先弄清楚客户对产品质量的要求，分析涤纶织物染整加工难点和注意事项，制订合理的生产流程，确定科学的生产工艺，合理安排生产。在生产过程中，认真落实操作规程，注意对质量监控，发现问题及时采取应对措施，保证按质按量完成生产任务。

✲相关知识

1. 涤纶的性能

涤纶的化学名称为聚酯纤维，涤纶分为涤纶长丝和涤纶短纤。织物有棉型织物、中长型织物、长丝织物、针织物、无纺布。

涤纶具有优良的防皱性、弹性和尺寸稳定性，不易缩水，穿着挺括，洗后易干，良好的电绝缘性能，断裂强度和弹性模量高，热定形性能优异，耐热和耐光性好，有较好的耐化学试剂性能，能耐弱酸及弱碱，耐摩擦，不霉不蛀，回弹性适中，织物具有洗可穿等特性。但是涤纶的吸湿性和透气性差，容易产生静电、容易沾污。涤纶的染色性能较差，一般须在高温或有载体存在的条件下用分散染料染色。

2. 常见涤纶织物品种的规格和特性

（1）双绉类：双绉是采用平经绉纬的平纹组织，它用两种不同捻向，以 2 根 S 捻、2 根 Z 捻间隔排列形成绉效应。织物皱纹细如湖水涟漪，温柔细洁，手感柔软糯爽，富有弹性，具有轻薄凉爽的特点。

（2）乔其纱类：乔其纱是强捻经纬平纹或变化组织，它以 2 根 S 捻、2 根 Z 捻绉丝相间排列，经纬丝线密度较小，以相同线密度居多，截面以圆形为主；经纬密度较稀，差异较小。此类织物质地轻薄透明，手感柔爽而富有弹性，并具有良好的透气性和悬垂性。

（3）顺纡类：顺纡是同捻向强捻丝织成的织物，其表面具有水浪纹的绉缩效应，织物绉纹粗如绉纸，粗矿奔放，弹性好，风格别致。

（4）花瑶：花瑶为平经绉纬平纹组织，经纬丝均采用涤纶低弹丝，经丝不加捻或低捻，纬丝左捻右捻的强捻相间排列。手感柔爽而富有弹性，绸面有细微的绉效应，具有良好的透气性和悬垂性。

（5）绉缎类：绉缎有两种：素绉缎正面有明显绉效应，反面为光亮缎面；花绉缎以正反缎纹组织构成花与地，在绉地上起光亮的缎花。

（6）绢类、纺类：绢类产品经纬丝一般采用圆形丝，缎条部分用油光三角异形丝，经纬丝线密度均较细。一般缎条绡的地部经纬用低线密度纤维，缎条部分用高线密度纤维。纺类产品经纬丝用三角和多边异形丝。经纬向均左捻。

3. 涤纶用途

涤纶具有许多优良的纺织性能和服用性能，用途广泛，可以纯纺织造，也可与棉、毛、丝、麻等天然纤维和其他化学纤维混纺交织，制成花色繁多、坚牢挺括、易洗快干、免烫和洗可穿性能良好的仿毛、仿棉、仿丝、仿麻织物。

涤纶织物适用于男女衬衫、外衣、儿童衣着、室内装饰织物和地毯等。在工业上高强度涤纶可用作轮胎帘子线、运输带、消防水管、缆绳、渔网等，也可用作电绝缘材料、耐酸过滤布和造纸毛毯等。用涤纶制作无纺布可用于室内装饰物、地毯底布、医药工业用布、絮绒、衬里等。

4. 新涤纶的发展

涤纶已成为发展速度最快、产量最大的合成纤维品种。涤纶已由普通涤纶丝 发展到差别化纤维、加工丝、细旦丝及超细旦丝、复合丝、中空丝、改性纤维等多种形式。

随着新涤纶的发展，其染色性和服用性也大为改善。对染色性的追求，使得其色彩鲜艳；对界面形状、纤维细旦化的追求，又使面料趋近于蚕丝的光泽和外观；对异收缩的追求，则使纤维具有了比天然纤维更进一步的仿真效果；改善涤纶产品的透气性和吸湿性，使织物完全接近于桑蚕丝的透气性。

此外，应用异型、复合等综合技术开发新型纺织原料，通过化学改性赋予涤纶亲水、防污、抗静电、阻燃等性能，也可以提高涤纶产品的服用性，集多种实用性于一身而超过天然纤维产品。

5. 涤纶织物的染整加工工艺流程

涤纶织物的染整加工过程应根据织物品种和要求来设置。

（1）一般的涤纶织物（包含涤纶针织物）不含浆料，也不需要松弛和碱减量，其染整工艺流程为：

坯布准备→精练→染色→脱水→烘干→热定形→成品检验→包装入库出货

（2）涤纶仿真丝织物染整工艺流程：

坯布准备→退浆、精练→松弛→脱水→烘干→热定形→碱减量→水洗→染色→水洗→后整理

任务一 涤纶织物前处理

✲任务解析

涤纶本身比较洁净，涤纶织物上的杂质主要由油渍、浆料、色素和其他沾污物组成。涤纶织物上的油渍有两部分，一部分是纤维在制造过程中带上的油剂，另一部分是织物在织造过程中从设备上沾上的油污。

涤纶的强度较高，大部分织物中的纱线没有上浆，浆料主要存在于喷水织机织造的织物和其他特殊织物中。因此，退浆只是针对有浆料的涤纶织物，大部分涤纶织物不需要退浆。

涤纶织物的前处理包括退浆、精练、松弛、预定形、碱减量等，但不同的织物品种所需要的加工工序也不尽相同。

子任务1 退浆精练

一、知识准备

（一）退浆精练目的

退浆精练的目的是除去纤维织造时加入的油剂和织造时加入的浆料、着色染料及运输和储存过程中沾污的油剂和尘埃。

（二）退浆精练特点

退浆精练是在高温下长时间浸渍，把浆料、油剂和污垢溶解、乳化、分散并予以去除。纤维或织物上的油剂、油污及为了上浆和织造高速化而加的乳化石蜡及平滑剂的去除，需采用阴离子型或非离子型表面活性剂，通过它们的润湿、渗透、乳化、分散、增溶、洗涤等作用，将油剂和油污从纤维和织物上除去。织物上的色素主要来自于织造时为辨别纱线而使用着色染料，它是水溶性的，可以通过水洗加以去除，其他的沾污物如锈渍可用草酸去除。

为避免金属离子与浆料、油剂等结合形成不溶性物质，精练时可加入金属络合剂或金属离子封闭剂。常用的退浆剂是氢氧化钠或纯碱。

二、任务实施

（一）确定工艺及设备

1. 选择设备

可用高温高压溢流染色机、喷射溢流染色机。

2. 制订工艺（以涤双绉精练工艺为例）

（1）工艺处方。

净洗剂	0.5g/L
纯碱	2g/L
30%（36°Bé）烧碱	2g/L

（2）工艺条件。

浴比	1∶10
温度	80℃
时间	20min

（二）操作步骤

（1）开启电箱内总电源开关，并打开照明灯。

（2）进水。

①关闭主、副排水阀。

②打开进水阀，待达到一定的水位，关闭进水阀门。

（3）进布。

①检查缸内水位是否为所需要的水位。

②打开主循环泵开关。

③将待染布的布头毛屑去除后，将布头投入喷嘴，布匹即被吸入，顺着导布管进入布槽内。

④用布钩将染缸内的布头拉出，置于一旁，待进布剩余2～3m时，关闭主循环泵，将前后布头车缝在一起，然后开启主循环泵开关使布匹循环。

（4）速度调整。通过变频器来调节导布轮速度用以调整布匹循环速度，以布匹不缠绕导布轮上为原则。并可根据织物克重来调节喷嘴压力及导布轮速度，使织物速度与导布轮速度基本一致。

（5）加助剂。确认缸内液量，待布匹循环正常后，根据精练工艺配制所需的助剂，加完助剂后，应立即关闭进水阀门，防止主循环泵吸入空气。

（6）盖紧缸盖。当布完全进入缸内，将缸盖合上，拧紧螺帽。

（7）温度控制。

①当加助剂步骤完成后，检查喷嘴压力及布速。

②在程式控制器内设定所需的温度控制程式。当要升温时，按下程式控制键，即可开始执行所需升温、保温、降温等步骤。

（8）水洗。

①水洗时先溢流水洗，此时溢流阀和进水阀同时打开。

②水洗完毕后，打开排水阀。

（9）准备下一道工序。

（三）注意事项

（1）若涤纶织物退浆不净或不退浆，则会导致碱减量液组分不稳定、pH 难以控制、减量效果降低，并且造成后道染色不匀、有色点等病疵。所以，必须去尽这些杂质，才能保证后道工序的顺利进行。

（2）退浆剂、精练剂的选用和退浆精练方法的确定是退浆精练工序的关键，需要根据织物上浆料的种类选择不同的退浆剂。

子任务 2　涤纶织物松弛加工

一、知识准备

（一）松弛加工目的

充分松弛收缩是涤纶仿真丝绸获得优良风格的关键。

松弛加工目的是将纤维纺丝、捻丝及织造过程产生的扭力和内应力消除，并对加捻织物产生解捻作用，从而形成绉效应；并提高织物的柔软度及丰满度。

（二）松弛加工特点

织物在松式状态下松弛时，随着温度的升高，收缩增大，纤维大分子运动性能增加，促进了扭力和内应力的释放。但不能剧烈的升温，否则会使处于绳状的织物产生收缩不匀及绉印而成次品。

二、任务实施

（一）确定工艺及设备

1. 选择设备

喷射溢流染色机是退浆、精练、松弛处理最广泛使用的设备。

2. 制订工艺

在喷射溢流染色机中加工，织物的张力、摩擦和堆置与浴比和布速有很大的关系，所以除合理地控制升温速率外，还要选择合理的浴比和布速。

喷射溢流染色机精练松弛起绉工艺，以涤纶双绉仿丝织物为例。

（1）工艺处方。

30% 烧碱	4%（owf）
磷酸钠	0.5%（owf）
除油剂	1% ~ 2%（owf）

（2）工艺条件。

浴比	1:（10 ~ 12）
布速	300m/min

（3）工艺曲线。松弛加工升温工艺曲线如图1－1所示。

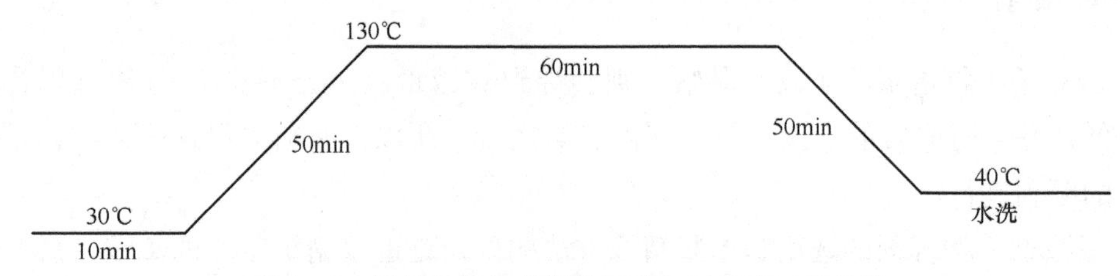

图1－1　涤纶双绉仿丝织物松弛加工升温工艺曲线

（二）操作步骤

（1）按工艺处方配制助剂，运行织物，从加料桶加入助剂。

（2）将升温工艺参数按升温曲线所示输入温度控制程式，运行。

（3）按2℃/min升温至130℃，保温60min，然后按1.8℃/min降温至40℃，水洗。

（三）注意事项

（1）注意选择合理的浴比和布速。涤纶仿真丝织物松弛时，布速不宜太高，一般以200～300 m/min为宜，而浴比需根据设备及织物特性来定。

（2）合理控制升降温速率，否则会使织物手感粗糙。

（3）可通过调节喷嘴直径、工作液循环次数来达到所需的工艺参数。

（4）若捻线定形温度过高不易解捻，则可在安全范围内适当提高温度和延长保温时间。

（5）部分涤纶织物，松弛与精练是同步进行的，有些还与退浆同步一浴进行。而超细纤维织物由于纤维线密度低，织物密度高，因此若退浆、精练与松弛同时进行，则往往组织间隙中的浆料和油剂不易脱除，故退浆、精练与松弛以分开处理为宜。一般先退浆精练，而后松弛，并且可在松弛时再加入部分精练剂，以进一步去净杂质。

（四）松弛工艺条件分析

1. 温度

温度是影响松弛效果的主要因素。因为只有达到一定温度时，经纬向纱线才会得到充分解捻，织物才能获得良好的松弛效果。松弛温度一般在120～130℃为宜。

2. 张力

张力的大小对松弛也起重要作用。张力越小，越有利于织物的收缩。适当给织物一些冲击力，使织物充分受到处理液揉搓，有利于织物均匀收缩和形成良好的绉效应。

3. 浴比

浴比的大小对松弛效果起一定作用。浴比越大，织物越容易收缩，松弛效果越好。在设备允许范围内，要尽可能加大浴比，最好采用溢流染色机等浴比较大的设备来进行松弛加工。

◎知识拓展：其他松弛加工方式

一、平幅汽蒸式松弛精练机松弛加工

此加工方式能克服喷射溢流染色机易产生收缩不匀而形成皱印的缺点，且加工效率高。织物通过碱及精练剂预浸及精练，于98～100℃汽蒸，最后振荡水洗。由于设备精练时间短，织物翻滚程度低，因而强捻产品的收缩率较低。大多采用退浆精练、松弛解捻两步法。

二、解捻松弛转笼式水洗机松弛加工

高温高压转笼式水洗机是精练松弛解捻处理最理想的设备，织物平放于转笼中松弛处理，织物的收缩率可达12%～18%，强捻类织物可达20%，织物手感丰满度及其风格更为理想，是其他机械所不能达到的。但此设备操作繁琐，劳动强度大，批量小，周期长，操作处理不当可能导致起绉不匀、产生边疵等疵病。

转笼式水洗机用于松弛解捻起绉，其工艺条件可定为：浴比1∶(10～15)，温度135℃，时间30～40 min，缸体转速5～20 r/min。

若精练起绉一浴，则精练液一般含30% NaOH 2～5g/L，络合软水剂0.1～0.5 g/L，H_2O_2 1～2 g/L，润湿渗透剂、低泡助练剂0.5～1 g/L及少量除斑剂（对含浆量及杂质高的织物）。

子任务3　涤纶织物预定形

一、知识准备

一般合成纤维及其混纺和交织织物需要经过2～3次热定形，即坯布定形、碱减量前定形、染色或印花前定形1次或2次。属于前处理的范畴，常称为预定形。

（一）预定形目的

预定形目的是消除前处理过程中产生的折皱及松弛退捻处理中形成的一些月牙边，使织物平整，提高在后道湿热加工过程中的稳定性和抗皱性，同时使后续的碱减量均匀性得以提高。此外，预定形还能改善织物手感，防止起毛起球以使织物表面平整，它对涤纶织物的染色性能也有一定影响。

（二）热定形原理

当加热温度超过涤纶的玻璃化温度、低于软化温度时，涤纶分子链发生剧烈运动，在一定张力作用下，部分分子链的结合力被拆散，并使处于紧张状态的分子链发生重新排列，内应力减少，分子链在新的结构位置被固定，纤维分子结构比较稳定，达到了定形效果。织物如在低于热定形温度的条件下受作用力时，不易产生难以消除的变形。

（三）预定形特点

松弛收缩的织物经干热预定形后，能改善织物减量的均匀性和尺寸的稳定性，但织物的风格受到影响，会使绉效应降低，柔软性、回弹性、丰满度降低，定形时可通过超喂收缩来弥补增加张力所引起的织物风格变化。松弛后应尽量避免加工中张力过大，定形前一般不烘燥。

二、任务实施

（一）确定工艺及设备

1. 选择设备

常用于涤纶织物热定形的设备可以用针铗链式热定形机，也可用两用式针板布铗式热定形机，它采用了针铗、布铗两用链，可以在同一机器上进行织物热定形和织物拉幅等不同整理，达到一机多用目的。

两用式针板布铗式热定形机（图 1-2）主要由进布装置、超喂上针装置、针板布铗扩幅链、烘房、冷却装置、落布装置等组成。

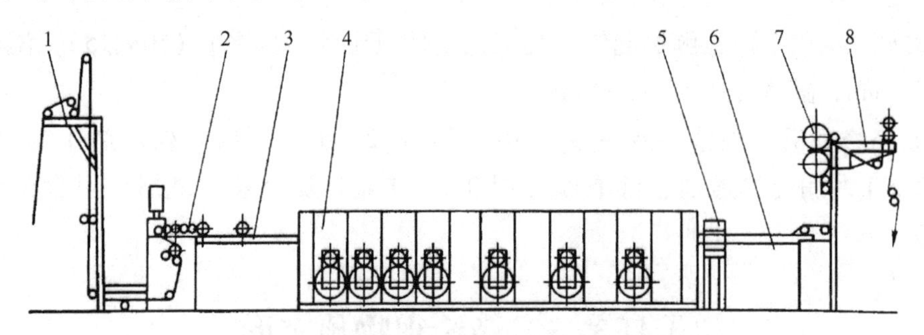

图 1-2　两用式针板布铗式热定形机示意图

1—进布装置　2—超喂上针装置　3—布铗、针板扩幅链　4—烘房　5—喷风冷却
6—输出装置　7—冷水辊　8—出布装置

2. 制订工艺

（1）一般定形幅宽较成品小 4～5cm，或较前处理门幅宽 2～3cm。

（2）预定形温度一般控制在 180～190℃，预定形时间一般为 20～30s。如果织物厚度和含湿率增加，则时间需延长，一般通过调节定形机车速来实现。

（二）操作步骤

1. 前车操作

（1）清洁机器（进布架及机器前部），检查针铗上是否有杂物，整理周围环境。

（2）按规定路线穿好导布（或检查已穿好的导布）。

（3）开机前按要求缝接好布头。

（4）按规定操作，控制好前车进布状况，不走位，不压布。

2. 中车操作

（1）开机前严格按检查单设定的工艺调校各工艺参数，特别注意检查单上的备注内容。

保证各工艺要求能落到实处。

（2）生产过程中及时根据后车的指令调整工艺参数。没有后车的指令，各工艺参数不可随意调整。

（3）生产过程中要保证行机正常、稳定。

（4）监督、指导前车工作，与后车配合好，使生产正常、顺畅。

（5）如实记录确切的工艺参数。

3. 后车操作

（1）开机后及时接布，尽量避免卡布停机。一旦卡布，反应要迅速，以免布长时间停在烘箱而造成烤黄或布面风孔。

（2）出布要保持张力适中并稳定，不能过紧或过松。

（3）第一匹布下机后要第一时间检查其质量（如门幅、布面有无疵病、干燥程度等）。

（4）如与工艺要求不符，及时调整工艺参数，如加、减超喂等。如布面纹路不符合要求，必须及时通知中车调整。

（5）工艺稳定后，如实记录下机数据。

（三）注意事项

（1）前车导辊张力全部放松，加上适当的超喂（如增加 10% ~20%），以保持经线的屈曲，改善织物风格。

（2）定形的张力只要能达到织物的平整度，保证外观要求即可，以免影响织物的丰满度、悬垂感。

（3）冷却系统保持正常运转，以防压皱、融熔和硬化。

子任务 4　涤纶织物碱减量

一、知识准备

涤纶碱减量处理是在高温和较浓的烧碱液中处理涤纶织物的过程。涤纶表面被碱腐蚀后，其质量减轻，纤维直径变细，表面形成凹坑，纤维的剪切刚度下降，具有蚕丝一般的风格，故又称为仿真丝绸处理。

（一）碱减量目的

涤纶碱减量目的是利用碱对涤纶分子中的酯键水解断裂作用，将涤纶大分子逐步打断，消除了涤纶丝的极光，并增加了织物交织点的空隙，使织物手感柔软、光泽柔和，改善吸湿排汗性。

（二）碱减量原理

涤纶碱减量是一个复杂的反应过程，主要发生聚酯高分子物与氢氧化钠间的多相水解反应。聚酯纤维在氢氧化钠水溶液中，纤维表面聚酯分子链的酯键水解断裂，并不断形成不同聚合度的水解产物，最终形成水溶性的对苯二甲酸钠和乙二醇。

一般情况下，涤纶具有较强的耐碱性。但在较强烈条件及浓碱作用下，涤纶对碱的可及度随之提高，反应加快。水解反应首先是从纤维表面开始的，然后逐渐向里层发展，使纤维表面产生凹凸不平坑穴的挖蚀现象。减量处理后纤维对光产生了漫反射，织物的光泽因此变得柔和。

另外，由于在涤纶织物纱线交叉处吸碱液比较多，导致了该处被碱腐蚀也比较严重，使得织物的交织阻力下降，组织结构变得松弛，织物刚性变小，产生了真丝所特有的悬垂感。碱对涤纶分子的反应是定量的，而且聚酯纤维的碱水解是从非结晶区表面大分子链端酯键开始发生的。

涤纶碱减量处理程度一般用减量率来表示，碱处理使纤维质量减少的程度称为减量率。减量率是涤纶减量工艺生产中一个很重要的质量控制指标，它与涤纶织物减量效果、碱减量生产中的工艺要素和涤纶本身情况有着密切关联。

$$\text{减量率}=\frac{\text{碱处理前织物重量}-\text{碱处理后织物重量}}{\text{碱处理前织物重量}}\times 100\%$$

减量率的大小要根据织物类型和要求来确定。涤纶仿真丝绸织物的减量率一般控制15%～20%；纱线捻度较低的织物的减量率控制在10%以下；高捻度、厚实织物的减量率可以控制在20%以上；微细纤维、超细纤维织物的减量率一般在10%以下。

（三）碱减量的影响因素

1. 氢氧化钠用量

氢氧化钠的用量对碱减量效果的影响较大。碱浓度越大，涤纶的水解反应程度越大，减量率和强力损失也就越大。

从理论上看，涤纶的理论减量率与氢氧化钠关系见下式：

$$\text{理论减量率}=\frac{192\times \text{NaOH 用量（\%，owf）}}{80}\times 100\%$$

当氢氧化钠的用量为8%（owf），涤纶的理论减量率为19.2%。然而，此乃碱与涤纶完全反应时的情况。实际上，受外界条件影响，涤纶的减量率要小于理论减量率。

2. 促进剂

为提高碱对涤纶的水解效率，提高碱的利用率，往往在处理浴中加入水解促进剂，以加快碱对涤纶分子的水解反应。

常采用阳离子表面活性剂做碱减量促进剂。阳离子表面活性剂能加快碱对涤纶的水解速率，提高碱利用率，但去除较困难。若洗不干净，易导致纤维泛黄，造成染色病疵；另外，高温染色时，促进剂的加入会使纤维损伤增加。

3. 处理条件

温度愈高，水解反应愈剧烈。由于温度对减量率影响很大，因此要严格控制温度，否则极易产生减量不匀。

随着处理时间的延长，减量率提高。虽然，温度升高和促进剂的加入，会加快反应速率，缩短减量时间，但反应性及涤纶织物的手感将受到一定程度的影响。因此，应在保证一定生产效率的前提下，采用较低温度、较浓碱液和较长时间进行减量处理。

4. 纤维形态及结构

纤维越细，反应越快；有光、圆断面纤维比消光、多叶形等异形纤维更耐碱，减量率更高；新合纤比常规纤维快得多，但反应均匀性较差。

5. 热定形对减量的影响

定形后有利于织物手感柔软滑爽，但减量率有所降低。定形温度高于180℃时，减量率会提高。因此，为获得良好的减量效果，必须严格控制减量前定形温度。

二、任务实施

（一）确定工艺及设备

1. 选择设备

涤纶碱减量加工有间歇式和连续式之分。而按设备不同，间歇式可分为挂练槽加工、高温高压喷射溢流染色机加工；连续式的为平幅连续碱减量机加工。挂练槽碱减量加工劳动强度大，减量后水洗较慢，现使用较少。

连续碱减量适合于批量性连续化大生产，产量高，操作方便，减量均匀。但一次性投入碱量大，存在运转中碱浓度控制及涤纶水解物过滤去除困难等问题，且加工时织物张力大，因而不适合小批量、多品种生产，织物风格不及间歇式减量。

高温高压喷射溢流染色机进行减量加工，织物受到的张力低，温度高，碱反应完全，手感好，适用性广。但重现性不理想，减量率较难控制，强力损失大。适用于绉类、乔其类织物减量加工。

2. 制订工艺

（1）高温高压碱减量工艺处方。氢氧化钠4～8g/L（视织物的减量率而定），如添加0.2～0.4g/L的促进剂，氢氧化钠浓度可降至3～6g/L。

（2）高温高压碱减量工艺条件。选择浴比在1:（10～20）之间。先将织物在染色机内循环均匀，然后加入已溶解的碱液和促进剂再循环均匀，升温至70℃时开始控制升温速度为1℃/min，升至120～130℃，保温30～40min，然后以1.5℃/min降温至70℃，排液。

（二）操作步骤

（1）手动进水到水位，开启主泵，提升滚筒，入布。

（2）转为自动，由计算机程序控制，自动校正水位。

（3）将织物在溢流喷射染色机中走顺，第一次自动回流水把碱液和促进剂稀释，并按指令加入染色机内，织物循环运行5min。

（4）按1℃/min速度先升温至120～130℃（按具体工艺），保温30～40min。

（5）按1.5℃/min速度降温至70℃，排液。

（6）水洗，准备下道工序（染色）。

（三）注意事项

（1）常规设备布速不能太高，一般小于100m/min，以溢流为主，略加喷力助送。

（2）碱减量后水解产物中的低聚物有可能黏附于织物上，此外，涤纶织物上还含有残留的烧碱。所以，碱减量后要充分水洗，以免对后续加工产生不利的影响。水洗工艺为：80～85℃热水洗10min，排液，加阴离子表面活性剂再洗一次，然后用2mL/L醋酸（HAc）温水中和 10min，最后冷水洗。

（3）碱减量时，其碱剂用量根据织物减量率而定。涤纶仿真丝织物的减量率一般控制在15% ~20%之间，所以实际生产中碱剂用量宜控制在 7% ~9%（加有促进剂条件下），如没加促进剂，碱剂用量需提高。薄型织物在高温高压时一般不加促进剂，而中厚型织物，则需要加促进剂。

（四）碱减量对涤纶性能的影响

1. 织物力学性能

强力下降基本与减量率呈线性关系。织物的蓬松性、爽挺性、悬垂性、丰满度、柔软度和粗糙度均有增加，尤其是柔软度；但织物弹性和身骨有所下降。

2. 织物空隙率

空隙率提高，改善了织物的透气性、吸湿性、手感和光泽。

3. 纤维染色性能

纤维表面形成凹坑，与染液接触面积增加，上染率提高，但表观得色量会降低，视感颜色可能会变浅。

◎知识拓展 1：平幅连续碱减量加工

平幅连续碱减量加工由进布装置、浸轧装置、汽蒸箱、水洗装置、落布装置等组成。平幅连续碱减量工艺举例：

工艺流程：

缝头→进布→浸轧碱液→汽蒸→热水洗→皂洗→水洗→中和→水洗

工艺处方：	烧碱	270 ~240g/L
	耐碱渗透剂	10 ~15g/L
工艺条件：	浸轧温度	70℃
	轧液率	50%
	汽蒸温度	110 ~120℃
	车速	18 ~20m/min
	热水洗温度	60 ~70℃

由于连续式减量速度快，同时碱浓度和黏度大，涤纶又紧密，因而碱渗透性差，使碱与涤纶反应不完全，且易表面化。所以，需要加入耐碱渗透剂。

连续减量时，张力控制极为重要，一般要求机台所有导布辊能调整张力，由此改变因张力不匀而引起的减量不匀。尤其是强捻织物松弛后，对张力特别敏感。

◎知识拓展 2：化纤仿真丝织物与真丝织物的鉴别

在市场上，涤纶仿真丝织物、人造丝织物、锦纶丝织物常常“以假乱真”，被当作“真丝绸”出售，购买时应注意区别。简易方法是：

（1）折。用手捏紧织物然后放开，真丝品因弹性较好，无折痕；人造丝织品有明显折痕，并难于迅速恢复原状。

（2）摸。真丝品用手摸时手感滑糯、柔软，化纤丝织品虽有光滑感，但稍显挺括。

（3）拉。从边缘抽几根纤维，用舌头将其润湿，用力拉紧，若在湿处易拉断则是人造丝；如不是在湿处拉断，而且断头处的纤维呈长短不一的毛丛状，则是真丝。

（4）看。真丝织品的光泽柔和均匀，虽明亮但不刺眼；人造丝织品虽光泽明亮，但不柔和且刺眼；涤纶丝制品的光泽虽均匀但有闪光亮点或条状亮丝；锦纶丝织品光泽较差，似涂了一层蜡。

（5）磨。真丝织品由于蚕丝外表有丝胶保护而耐摩擦，干燥的真丝织品互相摩擦会发出一种声响，俗称“丝鸣”、“绢鸣”，而其他丝织品则无此声响。

（6）燃烧。燃烧时，涤纶丝近焰即熔缩，熔燃滴落并起泡，离焰后能续燃，少数有烟，灰烬形状呈硬圆黑或淡褐色；真丝燃烧时有嗞嗞声，离火会自熄，难续燃，燃烧时有烧毛羽或头发的焦臭味，灰烬形状呈膨松黑色且易碎；人造丝织物则有烧纸味；锦纶丝织物则近火焰即迅速卷缩融成白色胶状，燃烧时没有火焰，离开火焰难继续燃烧，冷却后为浅褐色熔融物，不易捻碎。

子任务5　涤纶织物增白

一、知识准备

（一）涤纶织物增白目的

涤纶织物增白的目的是把制品吸收的不可见的紫外线辐射转变成紫蓝色的荧光辐射，与原有的黄光辐射互为补色成为白光，提高产品在日光下的白度。

（二）涤纶增白剂性能与特点

涤纶织物增白加工，传统工艺采用DT增白剂。DT增白剂有较好的牢度和耐日晒性能，耐酸、耐碱、耐氯漂、耐氧漂和耐迁移性能也都很好，但耐升华牢度不够好。DT增白剂必须在高温条件下才能发色。DT增白剂主要用于聚酯纤维（涤纶）、聚酰胺纤维（锦纶）、醋酯纤维及涤纶混纺织物的增白。

20世纪80年代后期推出的荧光增白剂如PS、CPS、ER等具有白度高、荧光强、用量少、色光鲜艳洁白、耐高温、不易升华，不易泛黄、耐漂等特点，因而加工质量较理想。采用浸染法低温上染后，需经180℃左右的高温定形才能正常发色。浸染温度越接近130～135℃，白度值也越高。

二、任务实施

（一）增白工艺

1. 浸轧热熔法

（1）涤纶增白剂用量。

涤纶增白剂	1.5～3g/L（按用户试验实际用量而定）

（2）工艺流程。

二浸二轧（轧液率70%）→预烘（100℃）→焙烘定形（175～190℃，30～40s）

2. 高温高压浸渍法

（1）涤纶增白剂用量。

涤纶增白剂	2%～0.5%（owf）

（2）工艺条件。

浴比	1:(20～40)
上染温度	120～130℃
上染时间	30～60s
pH	1.5～5（用醋酸调节）

（二）注意事项

（1）涤纶增白剂为淡黄色浆状液体，使用前应充分摇匀，精确称量，以保证增白产品品质量均一稳定。

（2）若发现悬浮液沉淀分层，只需摇匀即可，不影响使用效果。

（3）在一定用量范围内增加增白剂使用量，可提高白度，但应注意在增白剂的泛黄点之内使用，即≤5g/L。若使用量超过泛黄点，则易泛黄。

任务二　涤纶织物分散染料染色

✲任务解析

涤纶织物一般采用分散染料染色。分散染料染涤纶的方法有高温高压染色法、热熔染色法和载体染色法三种。高温高压染色法、载体染色法属于间歇式染色，适合于小批量生产。热熔染色法为连续染色，适合于大批量生产。

✲相关知识

涤纶具有很好的服用性能，但由于涤纶大分子无侧链，大分子间排列紧密，纤维的结晶度高、结构紧密、疏水性强、吸湿性低、分子间空隙小，常温下体积大、结构复杂的染料分子很难向纤维内部扩散，涤纶不易染色，需要在有载体或高温、热熔条件下使纤维膨化，染料才能进入纤维并上染。

分散染料是一类非离子型染料，分子小、结构简单、水溶性极低，染色时以微小颗粒均匀地分散在染液中，是最适合染涤纶的染料。

子任务1　涤纶织物高温高压染色

一、知识准备

（一）高温高压染色法染色原理

在分散染料的分散液中，有少量的染料溶解成为单分子，还有染料颗粒以及存在于胶束中的染料。染色时，分散液中的染料颗粒并不能直接上染涤纶。随着染色温度升高，染浴中水对涤纶的增塑作用增大，使得涤纶的玻璃化温度降低。同时，染液中的染料颗粒不断溶解为染料单分子被纤维表面所吸附，接着向纤维内部扩散。

当染色温度达到130℃左右时，纤维分子链段运动剧烈，染料在纤维内部的扩散速率提高，大部分吸附在纤维表面的染料扩散进入纤维内部。随着染液中的染料分子不断上染纤维，染液中的染料颗粒不断溶解，胶束中的染料也不断释放出来，如此反复，最后完成上染过程。

染色结束后，当温度降至涤纶玻璃化温度以下时，纤维分子链段运动停止，染料通过范德华力、氢键以及机械作用固着于纤维内部。

（二）高温高压染色法的特点

高温高压染色法，染料的利用率高，色谱齐全，匀染性好，适用的染料品种广，染色织物色泽鲜艳，手感好，透芯程度好。但此法是间歇式生产，生产效率低，需要用压力容器。

高温高压染色法染色温度最高可达130～135℃，蒸汽压力接近0.2MPa，并且在水浴条件下密闭容器中进行，是涤纶的重要染色方法。

（三）高温高压染色法适用的品种

高温高压染色法适用于多品种、小批量生产，除了用于涤纶纺织品的染色外，还用于涤纶针织物、涤纶纱线、涤纶混纺织物和其他合成纤维染色。

二、任务实施

（一）确定工艺及设备

1. 选择设备

高温高压染色法的染色设备主要根据涤纶的状态及染色加工要求合理选用。散纤维、毛条、纱线的染色可在高温高压染纱机中进行；涤纶纱线也可采用高温高压筒子纱染色机和高温高压经轴染色机染色；涤纶针织物则可采用高温高压溢流染色机（图1－3）、喷射染色机、高温高压喷射溢流染色机（图1－4）、高温高压气流染色机或高温经轴染色机染色；涤纶机织物采用高温高压溢流染色机、喷射染色机、高温高压喷射溢流染色机、高温高压气流染色机、高温高压卷染机染色。

从目前生产情况和发展趋势看，涤纶织物的染色以快速、节能、环保为主题，由于高温高压喷射染色机染色浴比小（1:10以下）、布速快，其使用的广泛性已远远超过高温高压溢流染色机，是目前较好的一种高温高压染色设备。出于对能源和环保的更高要求，目前已有印染企业使用气流喷射染色机。高温高压染色机由于张力大，主要应用于各种厚质涤纶织物以及平整性要求较高的轻薄织物上。

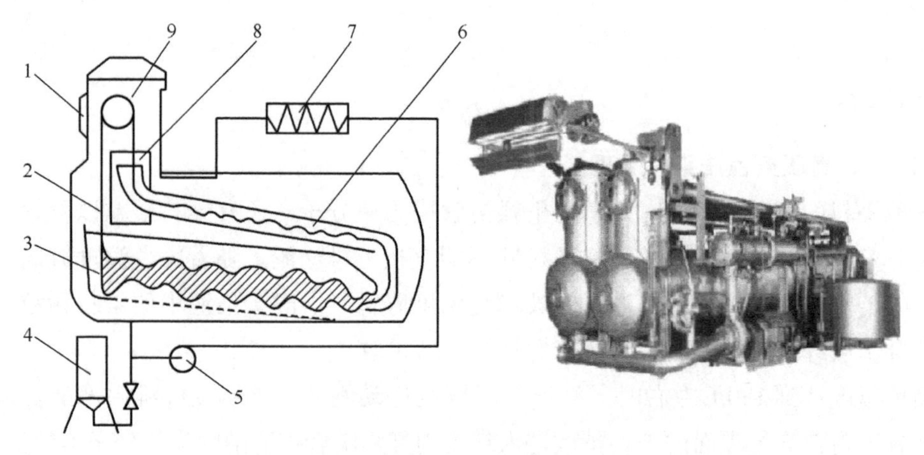

图1-3 高温高压溢流染色机

1—进出布窗 2—织物 3—浸渍槽 4—加料槽 5—循环泵
6—溢流输布管 7—热交换器 8—溢流口 9—主动导布辊

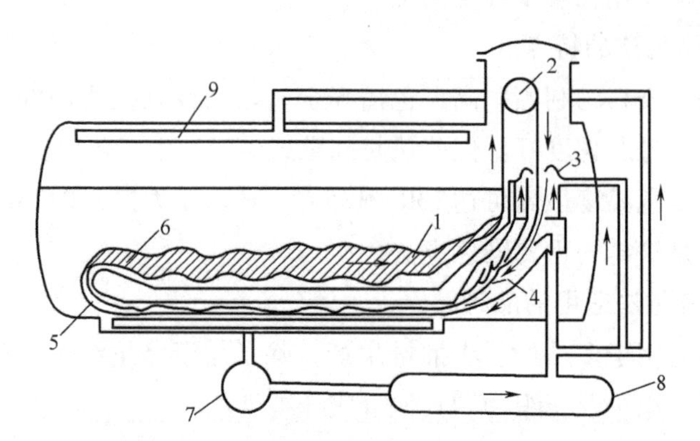

图1-4 高温高压喷射溢流染色机示意图

1—织物 2—导布辊 3—溢流口 4—喷嘴 5—输布管道
6—浸渍槽 7—循环泵 8—加热器 9—喷淋管

2. 制订工艺

（1）前处理（除油）工艺处方及工艺条件。

渗透剂	1%（owf）
除油剂	2%（owf）
浴比	1∶10
温度	80℃
时间	20min

（2）染色工艺处方及工艺条件。

分散染料	x

醋酸（98%） 0.3～0.6 g/L
或磷酸二氢铵 1～2 g/L
高温匀染剂 0～1g/L
分散剂 0～2 g/L
消泡剂 0～0.5 g/L
浴比 1:(8～15)（视设备类型而定，如是高温高压气流染色机、高温高压卷染机则浴比可低至1:3.5）。
pH 5～6
温度 130℃
时间 20～45min（视染料用量即颜色深浅而定）

（3）还原清洗工艺处方及工艺条件。

A：烧碱［30%（36°Be′）］ 1.5g/L
　　保险粉（85%） 1.5g/L
B：醋酸（98%） x（调节 pH＝4.0）
　　还原清洗剂 2 g/L

［说明：分散染料用量为0.1%～0.3%（owf）时可采用B方或不还原清洗。］

浴比 1:10
温度 80℃
时间 20min

（4）染色升温工艺曲线（图1－5）。

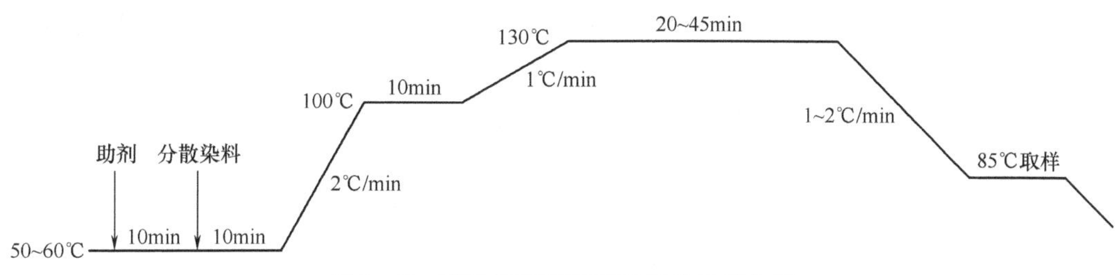

图1－5 涤纶织物高温高压染色工艺曲线

（二）操作步骤

1. 准备工序

（1）核对生产单：核对生产运转卡及配料单，如果布重超出规定，则退回生产排单员处理；如果配料单与生产运转卡不符则向班组长反映。

（2）领坯布：按生产运转卡点布匹数，如果匹数不符或分管不合理，则退回布仓处理。

2. 前处理工序（可参照上节）

（1）手动进水至水位，开启主循环泵、提升辊筒，入布。

（2）转为自动，由计算机程序控制，第一次自动回流水稀释除油剂并按指令加入染缸，按规定速度升温至80℃保温20min，自动降温（1.5℃/min）至70℃并溢流水洗、放水、再水洗一次。

3. 染色工序

（1）领料：助剂、分散染料及还原清洗助剂；监督称料是否正确。

（2）染色：由计算机程序控制，校正水位，自动用回流水稀释醋酸、高温匀染剂等助剂，并按指令加入染缸，运行10min；自动按工艺曲线升温至100℃运行10min；自动按规定速度升温至130℃保温20～45min（浅色保温20min即可）；自动按规定速度降温至85℃，按指令剪样（按要求洗水、烘干，送对色师傅对样）留样；排液。

4. 后处理工序

用清水加入染缸，调节水位，从副缸加入烧碱，升温至80℃，再用回流水向副缸加入保险粉，运行20min，降温水洗并放水，再水洗一次。

5. 出布

找好每管布头，撕开，关主循环泵、提升辊筒；摆好存布车出布，布全部出完后放水。

（三）操作注意事项

（1）分散染料化料时一般先用冷水打浆搅匀（搅拌机搅拌约20～30min），使用时再用40～45℃温水冲淡化匀。分散剂、高温匀染剂、消泡剂等助剂则用温水化开搅匀，随用随化。

（2）在高温高压喷射溢流染色机上都装有喷嘴，其直径一般配有50mm、60mm、70mm、80mm、100mm数种，根据加工产品的薄或厚，选择喷嘴。

调节喷嘴喷射压力需掌握的原则是：织物上机时，喷嘴压力可以大些；当运转正常时，喷嘴压力可小些；织物厚度或重量越大，喷嘴压力越大，喷嘴直径要大些。

（3）染色时，要在升温前关好机盖，并随时由玻璃视孔观察坯布在机内的运行情况，并检查机器各部位是否有异常声音及异常现象。

（4）当染色机内的染色温度超过100℃时，绝不能用湿布去擦洗玻璃观察窗口，以免发生危险。

（5）降温时，降温速度也不能过快，以免形成折皱印和鸡爪印等病疵。因此，要严格控制降温速度。

（6）高温高压染色机染色完毕，应降温至85℃排汽，待蒸汽排尽后才能开启缸盖。70～80℃关闭提升电动机，用钩子摸到布接头处，在缝头10cm以内剪样。

（7）剪样进行后处理，烘干后，吹蒸汽使其回潮。在对色灯箱下，按客户指定的灯光对色。如色光不符，需加色纠正，应根据色光相差程度加料升温至130℃再染。

（8）染后浅色仅用热水洗，中深色及特别深色必须加还原清洗处理，以提高织物染色鲜艳度及牢度。所用还原清洗剂应化开，由加料桶打入，不得直接通过操作窗加入。

（9）加工中长纤维织物时，高温染色机的过滤网应每班刷一次；加工涤纶长丝织物时，过滤网每天应刷洗一次；加工涤纶等增白品种时，采用浅色缸，并经刷洗。

三、染色工艺因素分析

（一）温度

提高温度，有利于染料的扩散，加快发色进程，但使分散染料分散体系的稳定性降低，造成染料聚集和水解，引起色光变化、染色不匀。

综合温度对染料、纤维性能及上染率的影响，高温型分散染料适宜的染色温度为130℃，中温型为120～130℃，低温型为100～120℃。

对于含氨纶的涤纶，染色时应选择中温型染料，在125℃左右染色，如果在130℃要十分慎重，因为130℃以上对氨纶的弹性影响大甚至会造成“断筋”现象。

如果始染温度过高或升温太快，对某些染料可能引起凝聚，造成色斑或染色不匀的现象。故常规涤纶开始染色时的温度应为60～70℃，之后缓慢升温。

（二）pH

在高温条件下，染浴的pH改变，将引起分散染料性能变化甚至染料被破坏，导致上染率下降、色光变化、重现性变差。因此，分散染料高温高压染色，pH必须稳定，并控制在弱酸性，即pH为5～6为宜，常用醋酸或磷酸二氢铵来调节。

涤纶织物用分散染料在酸性、高温条件下染色，极易产生低聚物。低聚物容易与染料、分散剂和纤维屑杂质聚集而成的黏稠物，黏附在织物上，造成难以去除又易沾污织物的污垢——焦油化物。焦油化问题是分散染料高温高压染色中易产生又不易解决的问题。解决的办法除了选择好染料、助剂外，还要保证染前将织物上油剂去除干净。

此外，目前已有印染厂采用分散染料碱性条件下的染色工艺，既可与前处理碱性浴连接或同浴染色，又克服了焦油化问题。但是，分散染料一定要经过筛选。

（三）时间

在高温高压染色过程中，对于高温型分散染料，当染液升温至130℃时，仍需足够的保温时间，染料才能被纤维吸尽。浅色保温15min，中色保温20～30min，深色保温45min。染色时间越长，染料越容易凝聚及聚集。

（四）染料粒子

染料颗粒大小和均匀度对上染性能也有影响，染料颗粒均匀度比大小更重要，对不均匀的染料要重新磨细。

（五）助剂

高温高压染色常在染浴中加入高温匀染剂和分散剂，两者的作用是互相联系的，往往一种助剂可以起到两种效果。

1. 分散剂

高温染色中加分散剂可防止染料凝聚沉淀，有助于染浴的稳定。高温分散剂要求高温下不易分解，润湿性、扩散性、增溶性好，低泡、防聚、易解聚，有一定匀染能力。

在商品分散染料中一般都含有大量的分散剂，但是染料在浸染浴中单纯依靠这些分散剂还不够，因此需在染浴中补充一定量的分散剂。

分散剂用量需视染料的高温分散稳定性而定。高温分散稳定性较差的染料，即使染浅色，也要提高分散剂用量。分散剂用量还需视染色设备而定。如采用卷染、经轴和筒子纱染色时，染液不断受到过滤作用，染料粒子易滤出，则分散剂用量需增多；而用喷射溢流机染色时，织物不断在染液中运动，染液与织物接触良好，分散剂用量可少些。

国内常用的分散剂为扩散剂 NNO，它具有良好的分散性，对色泽及得色量影响很小。分散剂用量要适当，过多会降低染料的上染量或产生焦油状物；过少则染液稳定性降低。分散剂一般 1 ~2g/L，深色少加，浅色多加。

2. 高温匀染剂

高温匀染剂通常是阴离子表面活性剂或非离子表面活性剂及两者的混合剂，具有一定的染料分散性、初期缓染性。由于染浓色时易发生凝集现象，故需减少助剂的使用量，而染浅色时，则宜考虑增加助剂的使用量。

常用的高温匀染剂型号很多，如 FZ－802、SE－1011、TF－201 等，一般用量为 0.5 ~1g/L。

四、常见染色疵病及其应对措施

（一）常见疵病及其预防方法

涤纶高温高压分散染料染色常见疵病发生原因及预防方法见表 1－1。

表 1－1 常见疵病产生原因及预防方法

疵点名称	产生原因	防止办法
上染率降低、色光变化	1. 染液 pH 有波动 2. 染缸有泄漏 3. 染色浴比偏大 4. 所选染料对 pH 太敏感	1. 控制适当的 pH 2. 检查染缸 3. 选择对 pH 不敏感的染料 4. 按浴比控制染色水位
鸡爪印及皱条	1. 前处理不当 2. 浴比过小，载布量过大，运转不畅 3. 降温过快 4. 喷嘴口径过小	1. 染前定形，加强前处理 2. 增大浴比，减少载布量 3. 缓慢降温 4. 调整喷嘴，浴中加适量柔软剂
布面发毛、匀染性差、条花、染斑	1. 上染升速过快，工艺不当 2. 助剂染料使用不当 3. 喷射力不够，流量不稳，织物堆积或漂浮 4. 退浆不匀，浮色未洗净	1. 严格控制工艺 2. 选用好染料、助剂 3. 提高喷射力，控制流量，加强溶液循环 4. 加强退浆和清洗

（二）色花、色点、色斑疵病的回修措施

1. 一般色花、色点回修

涤纶织物分散染料染色出现色花，一般采用在高温高压条件下加修补剂（也叫修色剂）的方法进行回修。其作用原理是：在高温条件下借助于修补剂的较强的移染作用使染料从深色区域向浅色区域转移，从而达到匀染的目的。

回修参考工艺处方如下：

染料　　　　原用量的 10%

修补剂 L　　3～5g/L
冰醋酸（98%）　　0.5～0.6 g/L（调节 pH 至 5 左右）
浴比　　1:(12～15)（视染色类型而定）
温度　　135℃
时间　　60min

修补剂 L 是一种低泡型、移染能力特别强且具有高效分散作用的匀染剂。

2. 较严重色花、色点、色斑回修

较严重的色花、色点、色斑往往会渗杂着涤纶低聚物、油剂等其他杂质，所以在回修时必须加入修补剂、高效除油剂、膨化剂等助剂协同作用，才能达到匀染的目的。有的甚至要在高温条件下匀染两次才能达到目的。

回修参考工艺处方如下：

染料　　原用量的 10%
修补剂 L　　3～5g/L
高效除油剂　　2～5g/L
膨化剂 OP　　5～10g/L
冰醋酸（98%）　　0.5～0.6 g/L（调节 pH 至 5 左右）
浴比　　1:(12～15)（视染色类型而定）
温度　　135℃
时间　　60min

3. 特别严重色花处理方法

如果色花特别严重，在移染无效的情况下，用保险粉难以将其剥色，可将其改染。色泽以盖过原颜色为佳，最好改染深色或黑色。

◎知识拓展 1：分散染料碱性条件下染色

目前，有些印染厂已采用涤纶织物碱性条件下高温高压染色法，可以使用除油、染色一浴法加工，染后不需要还原清洗，大大缩短了染色工序，减少用水，降低加工成本，提高生产效率。而且在碱性条件下染色，涤纶低聚物不容易产生，还能有效地去除残留的丙烯类浆料、蜡质、油剂，减少和防止织物擦伤及染料、残留浆料和纤维屑等黏附于机缸内。由于碱性染色具有上述特点，因此染色质量明显提高。

分散染料碱性条件下染色，需要对常规的分散染料的耐碱性及碱性条件下上染率等性能进行测试和筛选。应选择 pH 适用范围为 4～10 的分散染料。但有些含有酯基、酰氨基、氰基的染料在高温碱性条件下易发生水解，导致色光变化或得色率降低，如分散深蓝 H－GL 及用此类染料拼混的分散棕 S－2BL、分散黑 S－2BL 等，此类染料不适合碱性染色；还有一些常用的分散染料如荧光系列的、高坚牢度的，都需要在强酸性条件下（pH＝3.5～4.5）染色，故也不适合采用碱性条件染色。国内外各染料生产厂家现已推出了耐碱分散染料。

涤纶织物碱性染色工艺处方参考如下：

耐碱分散染料　　　　x
耐碱高温匀染剂　　　　0.5～1g/L
pH 调节剂（调节 pH 至9～10）0.5g/L
浴比　　　　1:(10～15)（视染色类型而定）
温度　　　　130℃
时间　　　　20～45min

目前适用的耐碱性分散染料色谱仍不齐全，且需要耐碱性助剂及 pH 调节剂，染料对 pH 较为敏感，易产生缸差，产品质量不稳定，所以涤纶织物分散染料碱性染色的推广仍受到一定的限制。

◎知识拓展2：涤氨弹性织物染色

涤纶氨纶交织物、包芯纱织物是热销的弹力面料的重要品种，其中氨纶混用率一般为5%～15%，这类纺织面料十分适合制作休闲服、运动服等。

1. 含有氨纶的涤纶弹性织物染色加工流程

坯布准备→松弛和预定形（190℃，30～45s）→精练→分散染料染色→还原清洗→后定形（180℃，30～45s）→后整理

2. 注意事项

（1）聚酯型氨纶分子含有酯基，在强碱作用下很容易发生水解，因此应尽可能避免采用高温强碱精练，一般选用纯碱和对硅油及矿物油具有乳化作用的净洗剂进行精练加工。

（2）染色温度对氨纶的弹性影响较大，在超过125℃染色时，氨纶极容易受到损伤，导致强力和回弹性降低，甚至完全断裂。因此，要兼顾涤纶的上染率、染色牢度及氨纶弹性免受损失三者之间的关系。要解决这一问题，必须制订科学、合理的染整工艺，加强生产过程管理。一般选用对氨纶沾色轻、沾色易还原清洗、耐洗牢度好、提升性好的中温型分散染料在125℃以内染色。如果采用高温型分散染料染色，则一般在130℃下保温不超过15min为宜。

子任务2　涤纶织物热熔染色

一、知识准备

（一）热熔染色特点

热熔染色法是连续化生产，生产效率高，它是一种干态高温固色的染色方法，适宜于大批量生产。

热熔染色法的染料利用率比高温高压染色低，特别是染深色时，对染料的升华牢度要求较高，染料选用有一定限制（低温型分散染料不适用）。染色时织物所受张力较大。染色织物的色泽鲜艳度、染料固着率和织物手感均较高温高压法差。

（二）染色原理

热熔染色时，通过浸轧的方式使分散染料附着在涤纶表面，当织物进入高温热熔阶段，涤纶分子链段运动加剧，分子间的瞬时空隙增大，有利于染料分子进入纤维内部。此时，存在于涤纶表面及织物空隙处的染料颗粒解聚或发生升华，形成染料单分子迅速向涤纶内部扩散。当温度降到涤纶玻璃化温度以下，纤维分子间空隙减小，染料通过范德华力、氢键而固着在纤维内部。

二、任务实施

（一）确定工艺及设备

1. 选择设备

热熔染色采用热熔染色联合机（图1－6）。全机共分两组，第一组为分散染料热熔染色机组，以轧染烘燥机为第一段，高温焙烘机为第二段；第二组为套染棉及后处理机组，由轧染烘燥机和显色皂洗机组成。

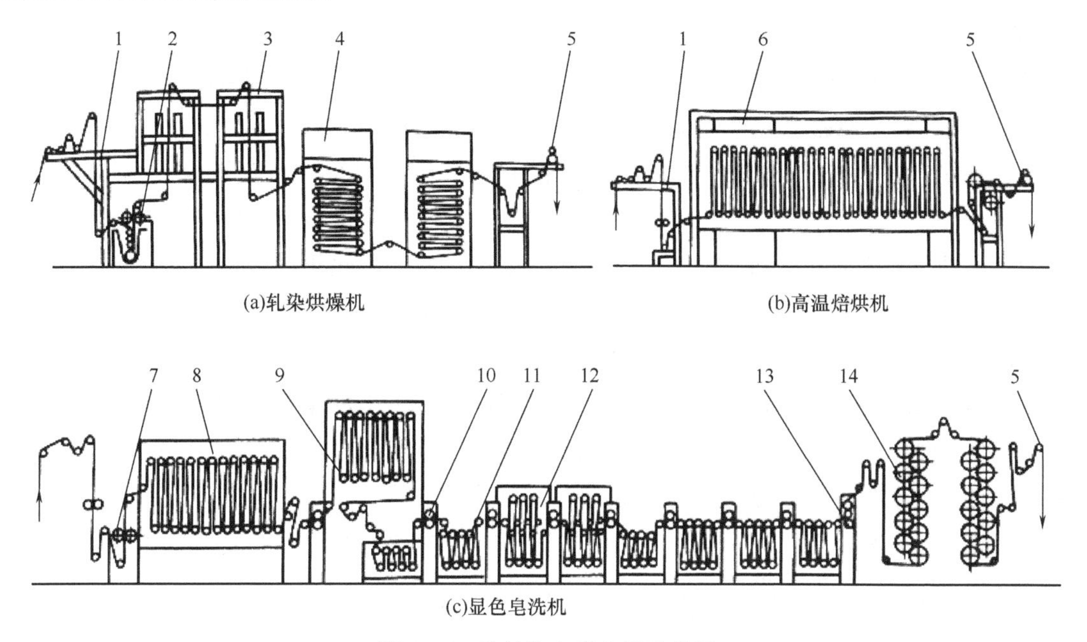

图1－6　热熔染色联合机示意图

1—进布装置　2—轧车　3—红外线预烘机　4—热风烘燥机　5—落布装置　6—导辊式焙烘机　7—二辊浸轧机　8—还原蒸箱　9—透风架　10—小轧车　11—平洗槽　12—皂洗机　13—中、小辊轧车　14—烘筒烘燥机

2. 制订工艺

（1）热熔染色工艺流程及主要工艺条件。

浸轧染液（二浸二轧，轧液率40%，20～40℃）→预烘（80～120℃）→热熔（180～210℃，1～2min）→后处理（或套染棉）

（2）工艺处方。

分散染料	x
渗透剂 JFC	1g/L
磷酸二氢铵	2g/L
扩散剂 NNO	1g/L
防泳移剂（3%海藻酸钠糊）	5g/L

3. 工艺说明

（1）分散染料的用量根据色泽的浓淡而定，热熔染色的染料颗粒要细而匀、耐升华牢度要好，并且要具有良好的相容性和配伍性。

（2）防泳移剂是用于防止烘干时因受热不匀而产生的染料泳移。防泳移剂要求有一定的黏性，耐热性高，不妨碍染料的扩散，不影响色光，不沾辊筒且容易从织物上洗除。可以用海藻酸钠、合成龙胶等作防泳移剂，一般为3%海藻酸钠糊。

（3）染液中加少量渗透剂，有利于浸轧时染料颗粒渗入纤维内部而使得色均透。

（4）染液的 pH 一般控制在 5 ~ 6，可用磷酸二氢铵调节。此时色光鲜艳，上染率高。若 pH 过高或过低均会影响色泽鲜艳度和上染率。

（5）轧槽染液量应少，染液交换应快，以减少染料的沉降。轧液温度应低，轧前织物应透风冷却，以免将热量带入轧槽而提高轧液温度，使分散染料凝聚。

可采用一浸一轧或二浸二轧方式。浸轧后带液量应尽量低，一般纯涤纶控制在 40% 左右。

（6）预烘阶段为防止染料泳移，织物浸轧后采用无接触式烘干。一般采用红外或远红外预烘→热风烘燥→烘筒烘燥的烘干方式。烘干的温度应由低到高，升温不宜过快，烘干要均匀。一般热风温度为 100 ~ 105℃，第二烘箱温度为 120℃。

（7）热熔染色宜选择耐热性好的染料，对于不同升华牢度的染料，则选择不同的热熔温度，一般为 S 型（高温型）200 ~ 220℃、SE 型（中温型）190 ~ 210℃为好，热熔时间为 1 ~ 2min，无张力长环悬挂热熔设备，时间要延长。

一般来说，温度越高，时间越短；温度越低，时间越长。在温度一定的情况下，时间过长，织物手感变硬，强力下降，热能浪费，染料升华影响色光；时间过短，染料扩散不充分，色泽浓度下降。

热熔焙烘时张力要均匀一致，以免产生折皱和色差。

（8）热熔染色后织物应迅速冷却，可通过冷却辊或冷风冷却至 50℃以下。

（9）分散染料热熔染色后必须经水洗，可采用还原清洗或皂洗和水洗，以去除纤维表面的浮色。

（二）操作过程及注意事项

（1）前车在生产前要检查流程卡与实物的生产单号、布头布尾章印、坯布是否一致。避免生产品种不符，造成无法弥补的事故。

（2）开机前检查轧槽内轧辊是否干净，有无纱线等杂物。

（3）开机过程中，注意红外线不能太靠近织物，太近会造成中边色差。

（4）随时观察轧槽内液面高低，检查液面控制器是否完好。

（5）开机时，预烘房温度、风速、车速等严格按照工艺设定。

（6）注意生产现场管理，保持地面干净，物料堆放整齐。

◎知识拓展：载体染色法

分散染料借助于载体的作用在常压下进行染色的方法称为载体染色法。分散染料在100℃以下对涤纶染色时，上染缓慢，上染百分率低，很难染深。

由于载体能增塑纤维，在100℃就能使涤纶结构变得疏松，微隙增大，染料分子易进入纤维内部。另外，载体对分散染料具有溶解作用，使染料在纤维表面的浓度增大，提高了纤维内外染料的浓度差，加速了染料的扩散。由于载体的加入，分散染料染色速率和染料吸附量大大提高，在100℃就可染得深浓色。

载体还可以改善分散染料染色的匀染度，对需要改染或回修的涤纶染色产品，可在高温130～135℃作剥色剂。

常见的载体有水杨酸甲酯、邻苯基苯酚、苯甲酸等，但它们都有环保问题。

载体染色法设备简单，染色条件低，但染色手续麻烦，成本高。最主要的是载体对染色牢度和色泽有影响，高温易分解，其气体有毒，会造成环境污染，因而目前很少使用。

子任务3 涤纶织物分散染料小样高温浸染

一、任务分析及布置

涤纶织物染色打样可采用高温高压染样机，分为水浴加热式、油浴加热式和红外线加热式三种。

学生以2～3人为一组，共同制订涤纶织物分散染料小样染色方案，然后每个人单独进行染色打样，整理并贴样，最后完成小样染色报告。

二、任务实施

（一）实施条件

1. 实验材料

纯涤纶织物（每块质量为2g）。

2. 实验仪器

高温高压染样或旋转式红外线染样机、电炉（皂煮）、烘箱、电子天平或托盘天平、玻璃染杯（250mL）、量筒（100mL）、烧杯（100mL）、容量瓶（250mL、500mL），吸量管（10mL）、温度计（100℃）、玻璃棒、电熨斗、角匙。

3. 实验药品

磷酸二氢铵、碳酸钠（工业品）、分散染料、分散剂NNO、纯碱、保险粉、平平加O、工业品皂粉或洗涤剂。

（二）实施方案设计

1. 分散染料高温高压染色参考工艺处方及工艺条件

表1－2、表1－3列出了分散染料高温高压染色深、中、浅档染色浓度的处方及皂等洗工艺。其他染料浓度对应的各助剂用量可采用插值计算法或参考染料应用手册来确定。

表1－2　分散染料高温高压染色参考处方

染料浓度（%，owf）	0.5	1.0	2.0	4.0
磷酸二氢铵（g/L）	2	2	2	2
扩散剂（g/L）	1.5	1	0.5	—
浴比	1：50			
染液pH	4.5～5.5			

表1－3　皂洗或还原清洗参考工艺

用剂	肥　皂（g/L）	纯　碱（g/L）	保险粉（g/L）	平平加O（g/L）	温　度（℃）	时　间（min）
皂煮清洗	2	2	—	—	98～100	10
还原清洗	—	1～2	1～2	1	80～85	10～15

注　当分散染料用量超过1%时（不同企业规定不一样），必须进行还原清洗。

2. 小组制订的分散染料高温高压染色工艺

将工艺填写入表格中（表1－4）。

表1－4　小组制订的分散染料高温高压染色工艺

染化料名称	浓度	实际用量g	工艺条件	
分散染料（%，owf）			浴比	
磷酸二氢铵（g/L）			温度（℃）	
分散剂NNO（g/L）			时间（min）	

3. 染色工艺曲线

涤纶织物分散染料小样染色工艺曲线如图1－7所示。

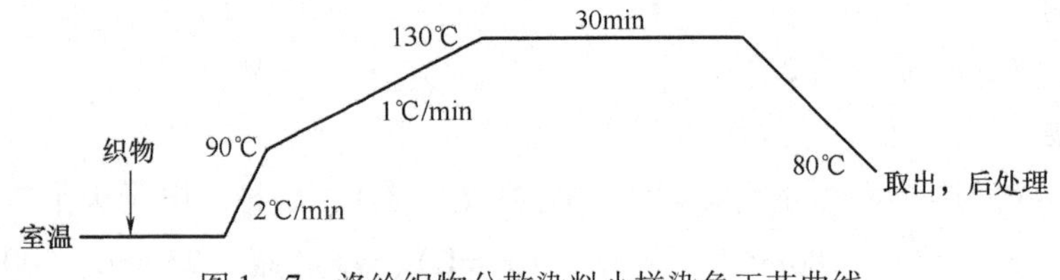

图1－7　涤纶织物分散染料小样染色工艺曲线

（三）操作步骤

（1）计算染料和助剂用量。根据染料浓度、织物质量以及浴比，计算出染料以及各助剂的用量、染液配制的总液量。

（2）染浴配制。准确称取染料固体量，或吸取预先配好的母液，置于烧杯中，加入分散剂用少量冷水调匀，再加入溶解好的磷酸二氢铵，然后将染液转入染色机专用染杯内，加水至规定浴量，搅匀。

（3）将涤纶织物用水浸润并挤干，放入染杯中，锁紧。打开染色机盖，在转盘上插入已准备好的染杯，按“点动”按钮，让转盘运行。

（4）根据染色工艺曲线，设定染样机升温速度、染色温度、染色时间。

（5）设定参数完毕，盖上机盖并锁上安全扣，启动搅拌装置，按染色工艺曲线开始染色。

①若是高温高压染样机，当升温达到95℃时，关闭排气阀，进入高温高压染色阶段，操作者不得离开，必须在设备旁注意观察。

染色完毕，蜂鸣器响，打开冷水阀，让锅体夹套进行循环水冷却，使染样机快速冷却。

②若是红外线染色机，降温后打开机盖，按“点动”按钮停止转盘，用防热手套取出染杯。

（6）用专用工具打开杯盖，取出织物，水洗，烘干。

（四）注意事项

（1）分散染料母液是悬浮液，易沉淀。每次吸料前要将染料母液摇匀后才能吸取，以免产生较大的浓度误差。

（2）对于高温高压染色试样机要严格按操作规程进行操作，确保安全第一。注意温度升至90℃后应放慢升温速度，以免产生色差；染毕降温要缓慢，以免产生皱纹和影响手感。染后锅盖开启前必须严格检查锅内温度是否降至90℃以下及锅内压力是否排尽。确认完毕后，才能开启锅盖，同时还要注意避免蒸汽冲人。

（3）对于红外线染色机，操作时则要注意：

①升温时和冷却时风机必须关闭，计算机将根据升降温速度自动升降温。在降温时需要进行手动快速降温时，直冷按钮可打开。

②样杯内染液不能装满杯。

③当打样杯少的时候，染杯在转盘上必须对称分布，以免偏重一侧加剧机器磨损。

④限制开关（安全装置）位于机盖下方，当机盖打开时转盘会自动停转，并停止加热。

三、任务小结

完成任务后，填写工作任务报告，见表1－5。

表1-5 工作任务报告

任务结果/试样名称	皂洗工艺	还原清洗工艺
贴样		
任务分析及总结		

任务三 涤纶织物后整理

✲任务解析

任何一种织物经前处理、染色或印花后均要进行后整理加工，以改善织物的形态稳定性、织物外观、触感，并按需要赋予织物各种特殊性能，增加织物的附加值，增强服用性。

✲相关知识

涤纶织物后整理目的可以归纳为三个方面：

(1) 使涤纶织物门幅整齐划一和尺寸稳定。属于此类整理的有热定形等。

(2) 改善涤纶织物的手感和外观。属于此类整理的有柔软整理、硬挺整理、光泽整理、增白整理、磨毛整理、起绒整理等。

(3) 提高涤纶织物的服用性能。如通过化学方法，提高涤纶织物舒适性。此类整理有亲水性整理、防污和易去污整理、抗静电整理等。也可以采用某些化学制剂，使涤纶织物具备一些特殊性能，如阻燃整理、防水整理等。

子任务1 涤纶织物常规整理

一、知识准备

涤纶织物常规整理一般采用浸轧拉幅热风烘燥的方法。加工时严格控制张力，尽量在松式状态下进行处理，使产品尺寸稳定、手感柔和、布面平整而富有弹性。

常规整理主要包括热定形、柔软整理、抗静电整理等。

热定形（后定形）主要是消除前道工序产生的折皱，防止涤纶起毛起球，获得平挺而富有弹性的手感和稳定的形态。

涤纶织物经柔软剂加工后，织物手感丰厚滑糯，且具有一定的抗静电性和易去污性。

涤纶吸湿性较差、电阻大，带电量的半衰期较长。要防止静电，可通过增加电荷的逸散速度或抑制静电产生而实现。

二、任务实施

（一）热定形

1. 热定形工艺

涤纶热定形采用针铗式热定形机。热定形温度一般为160～180℃，以防染料升华；时间为30～60s；经向超喂，纬向比成品门幅宽1～2cm。定形后走呢毯机，手感柔软，并改善绉效应。

2. 定形操作

具体见任务一中子任务3的操作步骤。

3. 注意事项

（1）为消除高温中形成的皱痕，拉幅定形温度要比染色最高温度高30～40℃

（2）开机前要仔细清洁进布架、料槽、轧辊、整纬器、J型箱、落布架等，确保织物经过的路线清洁。检查针铗是否完好及有无杂物。拉出烘箱内花毛过滤网用扫帚扫去上面的花毛；用柔软的布擦拭各导辊及落布冷却辊筒等织物经过的地方；用湿布及清水擦拭料槽及轧辊去除上面的花毛、浆料等。

（3）热定形时应注意检查纬斜情况，除了缝头要平齐，头子布要适当加长外，在穿头上机时，要注意两边张力均匀。在操作进行时要经常检查纬斜情况与花型变形情况并及时加以纠正。

（4）热定形时，进布应先浅色后深色；先漂白后特白，不宜混在一起加工。要经常测量成品落机幅宽。如幅宽不符合工艺要求，应随时加以调节。

（5）拉幅定形对成品的质量，如缩水、克重、花型清晰度、纹路等都有直接关系。因此在工艺条件掌握上应严格控制。

（6）操作过程中要严格控制幅宽、张力、超喂等工艺条件。如果拉幅的幅宽超过织物所具有的门幅，将造成缩水率增大，强力下降等现象；如果超喂过大或张力大小不等则容易造成纬向波浪形（俗称“木耳边”），超喂过小则会在经向产生条纹。

（7）关机后对整机进行清洁工作，包括进布架、料槽、轧辊、整纬器、J型箱、落布架，保证无污物、花毛等。

（二）柔软整理

1. 机械柔软整理

机械柔软整理主要有两种方法，一种是利用超喂改善织物在印染加工中因机械拉伸而造成的僵硬；另一种是采用呢毯整理机或橡胶整理机适当改善因接触金属表面而造成的粗糙手感。这两种方法可以结合使用，但效果不是很好，而且不耐洗。

松式呢毯整理、汽蒸预缩均能改善织物手感，而采用 Airo－1000 整理机处理，其柔软效果更明显。

2. 柔软剂整理

柔软剂整理是应用最广泛的柔软整理方法。常用涤纶柔软剂有反应性有机硅柔软剂、氨基改性有机硅柔软剂、阳离子柔软剂等。

柔软整理有浸渍法和浸轧法两种。

浸渍法通常在染色机上进行。但很多工厂在做浸渍柔软时，普通硅油会沾到缸壁上，时间久了，缸壁上会形成一些黑色的油斑，沾到布面上形成硅油斑。所以，在染色机上采用浸渍法一般只适合于不含有机硅的柔软剂整理工艺。

一般涤纶织物柔软整理通常在定形机的浸轧槽中进行浸轧。

柔软整理工艺举例：

（1）浸轧液配方。

柔软剂 CGF	2g/L
氨基硅酮弹性体 STU－2	2g/L
氯化镁	5g/L
渗透剂	0.5g/L

（2）工艺流程及主要工艺条件。

浸轧整理液（一浸一轧或二浸二轧，30～50℃）→预烘（100℃，5min）→热定形（180～190℃，30～50s）→检验→成品

3. 注意事项

（1）有机硅柔软剂浓缩液需预先化料，化料温度为40～50℃，最好温度低于60℃，一定要搅拌均匀，其中不能有微小颗粒物。开料后应搅拌、冷却，用200目丝网过滤后备用。

（2）浸轧有机硅工作液后，应采用无接触式烘干（可用红外线烘干）。如果不得已用烘筒烘干时，可在前4只烘筒上包布或包聚四氟乙烯，温度降低些，避免布面急骤遇热反沾到烘筒上造成斑渍。加工设备选用 M751 定形机为好。

（三）抗静电整理

1. 抗静电原理

两物体相互摩擦，物体表面的自由电子通过物体界面互相流通。一般纤维的吸湿性越好，导电性越强。由于涤纶的吸湿性较差，故易产生静电。若增加涤纶的吸湿性，必定导致其导电性的增加，从而使积累和产生的电荷迅速逸散，抑制静电产生。涤纶抗静电整理正是运用了此原理。若在纤维中加入导电性纤维或物质，则其导电性同样提高，也能抑制静电产生。

2. 抗静电整理分类

（1）暂时性抗静电整理：常用的抗静电整理是在织物上添加抗静电剂，属于暂时性抗静电整理。

抗静电剂有不同的类型。有阳离子型抗静电剂，如抗静电剂 SN；阴离子型抗静电剂，如

抗静电剂 PK；非离子型抗静电剂，如抗静电剂 G；两性型抗静电剂，如抗静电剂 AM－A。

（2）耐久性抗静电整理：主要是在纤维上形成含有离子型或吸湿基团的网状交联聚合物。

耐久性抗静电整理往往采用轧烘焙工艺。常用整理剂有 CAS、G 树脂、Permalose TG 等。

耐久性抗静电整理举例：

浸轧（100% G 树脂 5～10 g/L，平平加 O 1～2 g/L，三乙醇胺硝酸盐 5 g/L）→烘干→热定形（190℃，20s）

不少耐久性抗静电剂能与其他功能性助剂混合使用，以获得多功能效果。

子任务 2　涤纶织物舒适性整理

一、知识准备

涤纶吸湿性、放湿性均较差，因而涤纶织物对水的吸收、渗透均困难。由于水分不能沿着纤维内的气孔及纤维轴向织物外表转移，因而不能放湿，从而大大降低了穿着的舒适性。若能改善涤纶织物的吸湿、透湿和放湿性，则其服用舒适性可以大大提高。而这显然与涤纶的亲水性有关。

二、任务实施

（一）亲水整理

改善涤纶织物的亲水性，使其舒适化的方法主要有纤维内部改性、纤维表面改性，从而达到吸水、防污、抗静电等功能。

后整理常用亲水整理剂有弱阳离子型的 E－7707、Nicepole 等，非离子型的 FZ、FS、Permalose TM 等，改性柔软剂 ADASIL－ SK 等。

整理工艺实例：

1. NTF 亲水性有机硅整理剂整理

（1）工艺处方。

30g/L NTF－3（固含量 20%）

3g/L 水氯化镁

醋酸调 pH 至 5～5.5

（2）工艺流程及主要工艺条件。

一浸一轧（轧液率 65%）→烘干（110～120℃）→焙烘（175～180℃，30s）

经过亲水剂整理后，织物手感柔软、飘逸和滑爽，吸水性、透湿性优良，具有一定的抗静电、防污和易去污性能。

2. Permalose TM 亲水性整理工艺

（1）浸渍法。涤纶浸入含整理剂的溶液中，从 40℃开始升温到 60～80℃，保温 10min，使 TM 吸尽，然后染色。或染色织物还原清洗后，在 pH 为 4～5 的 TM 溶液中，于 40℃开始升温到 60～80℃，保温 10～20min。

（2）浸轧法。要求 Permalose TM 在织物上增重达 4%，并于 150～170℃处理。

（二）拒水、拒油整理

1. 拒水、拒油整理原理

有机硅一般是线型的聚硅氧烷类结构，有机硅中氧原子与纤维通过表面吸引，使分子的疏水基（CH_3）指向空气（图 1－8），这样形成的定向排列疏水层使纤维表面的张力降低，赋予涤纶一定的拒水拒油性，而且手感柔软。但单用聚甲基氢硅氧烷整理的织物手感粗糙。

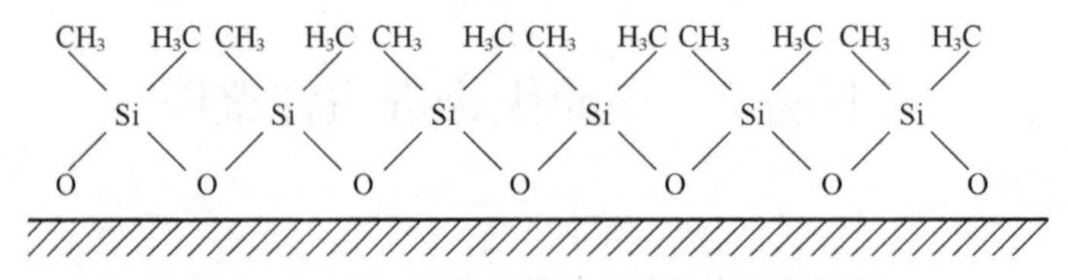

图 1－8 聚二甲基硅氧烷在涤纶表面的排列

2. 拒水、拒油整理剂类型

根据拒水整理效果的耐洗涤性，可将拒水整理分为暂时性、半耐久和耐久性三种，主要取决于拒水剂本身的化学结构。按标准方法洗涤，耐 5 次以下洗涤的，称为不耐久性（暂时性）拒水整理；能耐 5～30 次洗涤的，称为半耐久性拒水整理；能耐 30 次以上洗涤的，称为耐久性拒水整理。涤纶织物的拒水、拒油整理主要有：有机硅拒水整理和有机氟拒水、拒油整理两种。

常用的防水剂 Perlit VK 为含环氧乙烷活性基的有机硅树脂；防水剂 Perlit SI－SW 是不含金属盐的水溶性聚氢甲基硅氧烷，它们均属于阳离子型。Perlit SE 是加有环氧树脂和有机金属化合物的阴离子乳液，与 Perlit SI－SW 配套使用作防水剂。而 Phobotone WS 为聚硅氧烷的非离子乳液，与催化剂 EZ 或 BC 配套使用。

3. 拒水整理工艺举例

（1）工艺处方。

Perlit VK	15～30g/L
Perlit SI－SW	30～50g/L
醋酸铵（NH_4Ac）	2～3g/L
醋酸（HAc）	0.5～1g/L（调节 pH 至 4.5～5）

（2）工艺流程。

多浸一轧（20～30℃，轧液率 65%～70%）→烘干（100℃，3min）→焙烘（170～180℃，30～60s）

（3）工艺说明。有机硅拒水性好，但拒油性差。

4. 拒油整理工艺举例

（1）工艺处方。

TG－410H	20～30g/L

三聚氰胺　　　　　　6g/L
六水氯化镁　　　　　0.1g/L
异丙醇　　　　　　　30g/L
pH　　　　　　　　　6

（2）工艺流程。

多浸一轧（轧液率60%～70%）→烘干（100℃，2min）→焙烘（150～190℃，0.5～3min）

（3）工艺说明。有机氟聚合物的拒水、拒油性均比有机硅好，尤其是拒油性。但有机氟聚合物不能赋予织物柔软性，须同时加入柔软剂。

5. 整理后织物拒水和拒油性能的测试

（1）织物表面抗湿性能测试。织物表面抗湿性能测试（也称为拒水级别测试），一般用淋水性能测试方法，大多参考AATCC标准（American Association of Textile Chemists and Colorists，美国纺织化学师与印染师协会，简称AATCC。是辨别与分析纺织品的色牢度、物理性能和生物性能的非官方机构，该机构制订的标准称为AATCC标准）实验方法，使用织物抗湿性能测试仪（图1-9）进行测试。

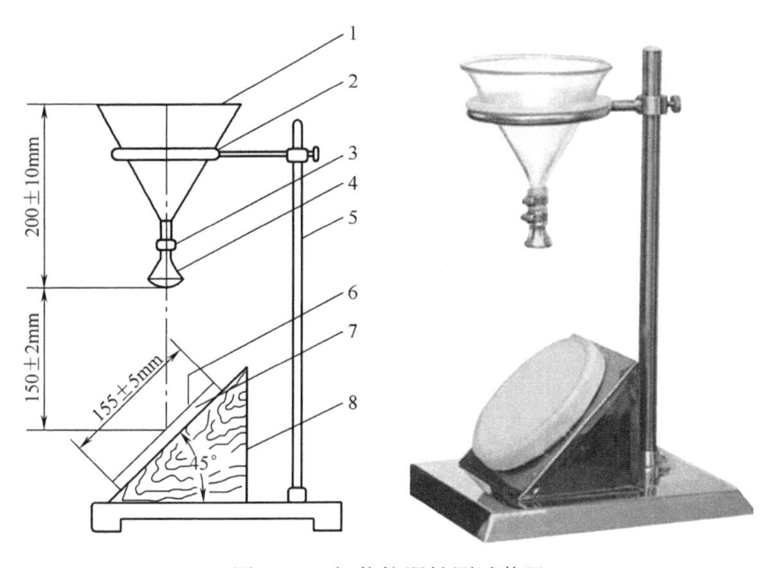

图1-9　织物抗湿性测试装置

1—玻璃漏斗（ϕ150）　2—支承环　3—胶皮管　4—淋水喷嘴
5—支架　6—试样　7—试样框架　8—底座（木制）

将在温度为21℃±1℃，相对湿度65%±2%的标准环境下调湿至少4h的试样（18cm×18cm）紧绷于试样夹持器上，安装在与水平呈45°角的固定的底座上，将250mL蒸馏水（20℃±2℃）或去离子水（27℃±2℃）迅速而平稳地注入玻璃漏斗中，通过与试样中心规定距离的喷头，在25～30s内朝试样中心平均而持续不断地喷淋。喷淋完毕，将试样框夹取下，使织物正面向下呈水平对着一硬物轻敲两次。然后按评级样照（图1-10）和评级标准文字评定级别。

评级标准文字为：

1 级——受淋表面全部润湿（GB_1）。

2 级——受淋表面有一半润湿，通常指小块不连接的润湿面积的总和（GB_2）。

3 级——受淋表面仅有不连接的小面积润湿（GB_3）。

4 级——受淋表面没有润湿，但在表面沾有水珠（GB_4）。

5 级——受淋表面没有润湿，在表面未沾小水珠（GB_5）。

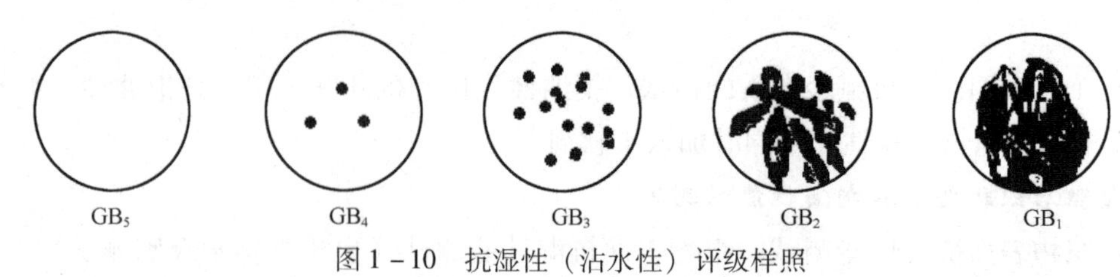

图 1－10　抗湿性（沾水性）评级样照

（2）织物抗渗水性测试。将经调湿的试样置于试样夹中，试样的一面承受持续上升的水压表示水透过织物所遇到的阻力，即抗渗水性。织物抗渗水性测试可用耐水压测试仪（图 1－11）进行测定。

在标准条件下［水是新鲜的蒸馏水（20℃±2℃）或去离子水（27℃±2℃），水压上升速度为（100±5）kPa/min 或（600±30）kPa/min］，直到有三滴水珠渗出为止，以第三滴水珠出现时的水压为准，以 Pa 为单位。

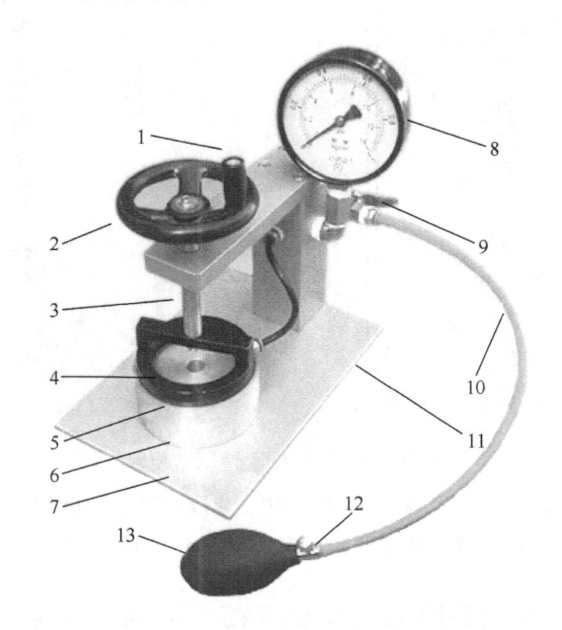

图 1－11　YJ－1200 耐水压测试仪

1—手柄　2—手轮　3—丝杠　4—上压盘　5—橡胶圈

6—放水阀　7—下压盘　8—压力表　9—手动开关　10—气管

11—底座　12—气囊开关　13—加压气囊

（3）织物拒油性能测试。织物拒油性能测试采用评分法，等级测试大多采用AATCC标准，等级按AATCC－118拒油测试试剂（表1－6）评定。首先是用最低编号的实验液体，以0.05 mL液体小心滴于织物上，如果在30s内无渗透和润湿现象发生，则紧接着用较高编号的实验液体滴于织物上。实验连续进行，直至实验液体在30 s内润湿液滴下方和周围的织物为止。织物的拒油等级以30 s内不能润湿织物的实验液体的最高编号表示。

表1－6　AATCC－118拒油测试试剂

拒油等级	标准测试液体体系	表面张力（mN/m，25℃）
1	白矿油	31.2
2	白矿油:正十六烷＝65:35（V/V）	28.7
3	正十六烷	27.1
4	正十四烷	26.1
5	正十二烷	25.1
6	正癸烷	23.5
7	正辛烷	21.3
8	正庚烷	19.8

（三）易去污整理

1. 易去污整理（也称为SR整理）原理

织物是否易于沾污，与三个因素有关。首先是纤维种类。涤纶疏水性大，易产生静电，因而易于沾上污垢，又由于水中的界面能高，因而污垢难以洗去。其次是织物表面张力。织物沾污一般是在织物的表面张力高于油污的表面张力时生产。第三是织物的结构。由于污垢主要吸附在纤维或纱线之间、纤维表面的缝隙和毛细孔中，导致纱线密度低、表面张力不一的涤纶织物更易沾上油污。因此，可通过改变织物组织和纤维的表面状态、降低织物的表面张力来获得较好的防污性能，对涤纶引入亲水性基团或用亲水性聚合物进行整理，可提高涤纶的易去污性能。

2. 涤纶常用的易去污整理剂

易去污整理剂在高温条件下可与涤纶大分子产生共溶和共结晶物，固着在涤纶上，形成耐久性效果，同时还能使涤纶表面的疏水性转变为亲水性，提高了织物的易去污能力。这类整理剂是涤纶耐久性去污剂，也是较好的抗静电剂。但这类整理剂对碱较敏感，当pH等于或高于10时，易被水洗去除。

常用的品种有易去污整理剂Unidye TG－990、SR－1000、Permalose T等。

3. 易去污整理工艺举例

（1）工艺处方。

易去污整理剂　　25～30g/L

氯化镁　　10～12g/L

超低甲醛树脂　　80～100g/L

（2）工艺流程及主要工艺条件。

浸轧整理液（二浸二轧）→预烘（100℃）→焙烘（190℃，30s）→皂洗→水洗→烘干

◎知识拓展：阻燃整理和折绉整理

一、阻燃整理

涤纶的阻燃整理主要在于改变涤纶的热性能，用适当的阻燃剂阻止涤纶裂解物的燃烧。

涤纶的阻燃方法有：涤纶织造时添加阻燃物，以生产阻燃涤纶；涤纶用阻燃剂进行化学处理，以获得阻燃性能。

染色阻燃一浴法工艺举例：

分散染料

N5Ikafi20n% (C6wf)1

Nigkkasunsalt　RS

pH 调至弱酸性 5. 5 左右

在溢流染色机中进行，130 ~ 135℃，30 ~ 60min。

除此之外，还有轧烘焙法、涂层法、喷雾法、印花法等。

二、折绉整理

涤纶的折绉定形较天然纤维容易，且绉纹形状多样化，绉纹耐久性好，后加工组合自由，而且品种多。

涤纶的起折绉方法通常有两种：

1. 有规则的折绉

通过织物表面加热和加压使之产生凹凸花纹。一般绳状处理能产生经向扭转并具有阻燃表面变化的绉纹；而手工处理则产生无规则的不均匀的自由形状绉纹。

2. 自然折绉

通过物理方法给织物表面以折绉并在高温下加以固定。

思考与练习

一、选择题（不定项选择题）

1. 涤纶用普通型分散染料在高温高压条件下染色，染液 pH 一般为（　　）

　A. 3 ~ 4　　B. 5 ~ 6　　C. 9 ~ 10　　D. 10 ~ 11

2. 分散染料染涤纶采用载体染色法染色时，膨化剂 OP 的作用是（　　）

　A. 分散剂　　B. 载体　　C. pH 调节剂　　D. 匀染剂

3. 涤纶用高温型分散染料在高温高压条件下染色，染色温度一般为（　　）℃。

A. 100　　B. 110　　C. 130　　D. 150

4. 涤纶用分散染料染色的方法主要有（　　）。

A. 载体染色法　　B. 高温高压染色法　　C. 热熔染色法　　D. 常温染色法

5. 分散染料染色涤纶，可用（　　）调节 pH。

A. 硫酸　　B. 醋酸　　C. 磷酸二氢铵　　D. 盐酸

6. 属于低温型分散染料的是（　　）。

A. 分散黄 RGFL　　B. 分散红 3B　　C. 分散蓝 2BLN　　D. 分散黄棕 S－2RFL

7. 属于高温型分散染料的是（　　）。

A. 分散黄 RGFL　　B. 分散黄棕 S－2RFL

C. 分散红玉 S－2GFL　　D. 深蓝 H－GL

8. 分散染料可染（　　）。

A. 涤纶　　B. 醋酯纤维　　C. 锦纶　　D. 腈纶

9. 分散染料具有（　　）特点。

A. 分子小　　B. 结构简单　　C. 水溶性极低　　D. 水溶性好

10. 关于低温型分散染料，下列说法正确的是（　　）。

A. 相对分子质量小　　B. 扩散性能好　　C. 上染率低　　D. 匀染性差

11. 关于高温型分散染料，下列说法正确的是（　　）。

A. 耐热性好　　B. 升华牢度低　　C. 升华牢度高　　D. 匀染性好

12. 关于涤纶，下列说法正确的是（　　）。

A. 耐热性好　　B. 结构紧密　　C. 耐酸耐碱　　D. 耐酸不耐碱

13. 分散染料主要用于（　　）纤维的染色。

A. 涤纶　　B. 棉　　C. 黏胶纤维　　D. 羊毛

14. 分散剂 NNO 是分散染料染涤纶时常用的（　　）。

A. 还原剂　　B. 促染剂　　C. 稳定剂　　D. 氧化剂

15. 轧染预烘时，若温度过高，烘干方式不当，极易发生（　　）现象。

A. 扩散　　B. 移染　　C. 解吸　　D. 泳移

16. 吸取 2g/L 染料母液 10mL，染 2g 布，浴比为 1∶50，此时染料的浓度为（　　）

A. 0.5%（owf）　　B. 1%（owf）　　C. 2%（owf）　　D. 4%（owf）

17. 减少染料泳移最有效的烘干方式为（　　）

A. 热风　　B. 红外线　　C. 烘筒　　D. 熨烫

18. 分散染料热熔染色的温度为（　　）℃左右。

A. 100　　B. 130　　C. 150　　D. 200

19. 分散染料上染涤纶，在纤维内部扩散的形式是（　　）状态。

A. 染料颗粒　　B. 单分子　　C. 颗粒聚集体　　D. 离子

20. 分散染料染色时加入磷酸二氢铵，其作用是（　　）。

A. 提高染色牢度　　B. 调节染液 pH　　C. 分散　　D. 匀染

二、判断题（正确的打√，错误的打×）

1. 分散染料可以染涤纶，也可以染锦纶，但只能染浅色。（　　）
2. 分散染料染涤纶，染料与纤维的结合是离子键结合的。（　　）
3. 阳离子染料可以染改性涤纶。（　　）
4. 常规整理主要包括热定形、柔软整理、抗静电整理等。（　　）
5. 易去污整理也称为 SR 整理。（　　）
6. 热定形温度一般为 200～250℃，以防分散染料升华。（　　）
7. 根据拒水整理效果的耐洗涤性，可将拒水整理分为不耐久、半耐久和耐久性三种，主要取决于拒水剂本身的化学结构。（　　）
8. 机械柔软整理是应用最广泛的柔软整理方法。（　　）
9. 分散染料只能染涤纶。（　　）
10. 分散染料具有极低的水溶性。（　　）
11. 分散染料溶解时，宜采用高温化料，否则染料易凝聚。（　　）
12. 所有的分散染料均不能在碱性条件下上染。（　　）
13. 分散染料染色最适合的 pH 为 5～6。（　　）
14. 分散染料染色织物出现色花后只能用剥色的方法进行回修。（　　）
15. 涤纶可以通过后整理的方法提高其吸湿性。（　　）

三、填空题

1. 涤纶的化学名称为________，涤纶分为________丝和涤纶________纤。
2. 涤纶具有优良的________性、________性和________性，不易缩水、穿着挺括、洗后易干等优点，但是涤纶的________性和________性差，易产生静电、易于沾污。
3. 涤纶的染色性能较差，一般须在高温或有载体存在的条件下用________染料染色。
4. 涤纶本身比较洁净，织物上的杂质主要由________、________、________、________等组成。
5. ________是涤纶仿真丝绸获取优良风格的关键。
6. 分散染料染涤纶的方法有________、________、________、________等。
7. 一般的分散染料宜控制在________性，常用________来调节。
8. 分散染料染涤纶的中深色，一般要求进行________清洗。
9. 分散染料采用热熔法染涤纶，染色宜选择________型染料。
10. 分散染料染色，为保证染浴的稳定性，常加入________剂。

四、简答题

1. 涤纶织物的前处理主要包括哪些？
2. 涤纶仿真丝织物染整工艺流程有哪些？
3. 什么是松弛加工？其目的是什么？
4. 什么是热定形？其目的是什么？
5. 热定形的工艺条件有哪些？

6. 什么是碱减量？碱减量的作用有哪些？
7. 影响碱减量效果的因素有哪些？
8. 按应用性能分类，分散染料分为哪几种？它们各有哪些性质和特点？
9. 分散染料染涤纶的机理是什么？
10. 影响分散染料升华牢度的因素有哪些？
11. 影响分散染料染色的因素主要有哪些？
12. 分散染料染涤纶时，染浴 pH 控制在多少为宜？一般用什么来调节 pH？
13. 涤纶织物整理目的有哪些？

项目二　腈纶制品染整

✲学习目标

●知识目标

（1）了解腈纶制品的基本物理化学性能；

（2）能描述腈纶制品染整各工序加工方法及特点；

（3）能记住腈纶制品染整加工主要工艺参数；

（4）了解腈纶制品染整过程的基本原理和常用设备的基本结构及操作方法；

（5）能说出腈纶制品染整各工序工艺流程。

●技能目标

（1）会制订腈纶制品染整前处理、染色及后整理一般工艺；

（2）会根据工艺处方配制工作液；

（3）会用根据染整工艺单利用小样设备实施腈纶制品染色工艺。

✲项目描述

印染厂接到腈纶制品进行染整加工生产订单，首先需要搞清楚客户下单的腈纶制品规格、数量、品质要求等基本信息，结合本企业生产实际，分析腈纶制品染整加工难点和注意事项，制订合理的生产流程，确定科学的生产工艺，合理安排生产。在整个染整生产过程中，认真执行各项工艺要求，认真落实操作规程，注意对质量监控，发现问题及时采取应对措施，保证按质按量完成生产任务。

✲相关知识

1. 腈纶发展的历史和前景

腈纶是聚丙烯腈纤维在我国的商品名，国外则称为“奥纶”、“开司米纶”，1942 年，德国人 H. 莱因与美国人 G. H. 莱瑟姆几乎同时发现了二甲基甲酰胺溶剂，并成功地合成了聚丙烯腈纤维。1950 年，美国杜邦公司首先进行工业化生产。腈纶通常是指 85% 以上的丙烯腈与第二和第三单体的共聚物，经湿法纺丝或干法纺丝制得的合成纤维，是产量仅次于涤纶和锦纶的合成纤维品种。

腈纶在机织物方面的应用，包括了薄型、中厚型和厚型织物，以及在粗梳毛纺系统生产的呢绒、绒毯、机织人造毛皮等。腈纶在针织物方面的应用以腈纶膨体纱为主，占所有腈纶针织物的 60% 左右。

腈纶性能极似羊毛，故有人造羊毛之称，其柔软性、轻盈性、保暖性和弹性均较好。腈纶不会发霉和被虫蛀，耐光和耐气候性能也特别优良，因此它特别适合制造帐篷、炮衣、车篷、幕布、窗帘等室外用品。可纯纺或与羊毛混纺制毛线、毛织物等，此外，还可以用于制作腈纶毛毯、腈纶地毯、人造毛皮以及腈纶纯纺或混纺面料等（图2－1）。

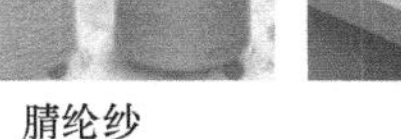

腈纶纱　腈纶地毯　腈纶毛衣　腈纶薄花呢

图2－1　腈纶产品种类

2. 腈纶制品的特点

腈纶制品染色鲜艳，耐光性居各种纤维之首，其尺寸稳定性能较好，有较好耐热性、耐霉、耐菌、耐蛀，且耐酸、氧化剂和有机溶剂。

腈纶虽然有许多优良的性能，但也存在这许多不足，其耐磨性、吸湿性差，回潮率低，容易沾污，穿着有闷气感，对碱的作用相对较敏感。易起静电，不能满足人们对穿着舒适及防静电的要求，从而限制了腈纶的发展。近些年来，为改善腈纶性能，开发了许多新型改性腈纶品种。如细旦腈纶、仿羊绒腈纶、异形纤维、抗菌导湿腈纶、抗静电腈纶等。

3. 腈纶面料的主要品种及各自特点

腈纶面料的种类很多，有腈纶纯纺织物，也有腈纶混纺和交织织物，主要品种如下：

（1）腈纶纯纺织物。采用100%的腈纶制成。如用100%毛型腈纶加工的精纺腈纶女式呢，具有蓬松结构特征，其色泽艳丽，手感柔软有弹性，适合制作中低档女用服装。

以100%的腈纶膨体纱为原料，可制得平纹或斜纹组织的腈纶膨体大衣呢，具有手感丰满、保暖轻松的毛型织物特征，适合制作春秋冬季大衣、便服等。

（2）腈纶混纺织物。腈纶混纺织物是指以毛型或中长型腈纶与黏胶或涤纶混纺的织物。包括腈/黏华达呢、腈/黏女式呢、腈/涤花呢等。

腈/黏华达呢，又称东方呢，以腈、黏各占50%的比例混纺而成，具有呢身厚实紧密，结实耐用，呢面光滑、柔软，似毛华达呢的风格，但弹性较差，易起皱，适合制作价格低廉的裤子。

腈/黏女式呢是以85%的腈纶和15%的黏胶纤维混纺而成，多以绉组织织造，呢面微起毛，色泽鲜艳，呢身轻薄，耐用性好，回弹力差，适宜制作外衣。

腈/涤花呢是以腈、涤各占40%和60%混纺而成，因多以平纹、斜纹组织加工，故具有外观平挺，坚牢免烫的特点，其缺点是舒适性较差，因此多用于制作外衣、西服套装等中档服装。

4. 腈纶染整工艺流程

腈纶制品由于织物的类型和要求不同，其加工工艺路线具有较大灵活性，印染厂应根据产品的风格和本厂设备情况综合考虑工艺路线。现将一般染整加工流程举例如下。

（1）腈纶针织物染整工艺流程。

原布检验→（烧毛）→热定形→精练→染色（或增白）→柔软处理→脱水→开幅→烘干→热定形→（轧光）→成品检验→包装

（2）腈纶机织物染整工艺流程。

原布准备→缝头→烧毛→精练（含退浆）→脱水→湿热定形（煮呢）→染色→脱水→湿热定形→脱水→烘干→干热定形→柔软整理→刷毛→剪毛→刷毛→汽蒸定形→成品检验→包装

任务一　腈纶织物前处理

✻任务解析

腈纶属于合成纤维，因此腈纶制品不含天然杂质，前处理较为简单，只需去除织造加工过程中加入的浆料和沾上的油污渍等。

腈纶制品染色时一般使用阳离子染料，如果在前处理时选用阳离子洗涤剂，会减少染料对纤维的结合率，导致染色后的得色量降低，并使色牢度降低。因此一般选用非离子表面活性剂作为前处理时的洗涤剂。

腈纶织物的前处理加工过程主要包括烧毛、退浆、增白等。

子任务1　腈纶织物烧毛

一、知识准备

（一）腈纶烧毛目的

腈纶织物因其纱线多为短纤维纺制，故表面茸毛较多，因此在染整加工和服用过程中比较容易起毛起球，所以必须进行烧毛加工，烧毛能使织物布面光洁，改善起毛起球现象。粗纺腈纶织物一般不烧毛。

（二）腈纶烧毛特点

因为腈纶是热塑性纤维，耐热性稍差。如火焰、车速等控制不当，会使织物表面绒毛燃烧结球或使织物泛黄。为了使烧毛既达到目的，又不致于影响织物的手感、强度、幅宽等，必须根据腈纶织物的表面绒毛状态来决定烧毛火焰或车速等。

二、任务实施

（一）确定设备及工艺

1. 选择设备

腈纶织物的烧毛一般选择专用气体烧毛机，气体烧毛机主要组成装置为进布装置、刷毛箱、烧毛火口、灭火装置、出布装置。烧毛流程：

进布→刷毛→烧毛→灭火→落布

其设备特点如下：

（1）在火口上方安装不锈钢冷水辊，使腈纶织物包绕在冷水辊上进行烧毛，避免过烧现象。

（2）在出布装置前安装三只冷水辊筒或冷风装置，使织物干态落布温度不超过50℃。

2. 制订工艺

由于腈纶不耐高温，在高温下会软化发黏和变形，烧毛必须采用强火快烧的方式，要严格控制温度（火焰温度1000～1100℃），一正一反强火焰的烧毛，布速一般为120～130m/min。或采用中火（火焰温度800～900℃），布速一般为75～90m/min。

（二）操作规程

（1）接通控制室内的总电源开关。打开压缩空气手控阀。打开冷却水手控阀，并用水管将水洗除尘箱放满水，打开燃气手控阀。按工艺要求选择火口的工作位置，沿正确的穿布路线由前到后穿好导带，将导带或导布连接好待加工布。

（2）在烧毛运行时，可以通过调整液化气压力、车速以及火口与布面之间的距离，以达到烧毛工艺的要求，非紧急情况下严禁按急停按钮。

（3）停车后及时关闭冷却水、液化气，并做好机台周围的清洁工作。

（三）注意事项

（1）换班时需检查烧毛机外观可识别的损坏。

（2）如果机器发生故障，需要立即停机并消除故障，并做好安全防范措施。

（3）接通或启动机器时，确保操作人员安全。

（4）操作过程中不得拆开或移动吸风装置，不得打开机器门。

（5）严禁触摸运动机件、旋转罗拉、运行织物。

（6）严禁在火口高温情况下做清洁工作。

子任务2　腈纶织物退浆

一、知识准备

（一）退浆目的

腈纶织物属于合成纤维，不含天然杂质，所以前处理比较简单。但其在纺纱、织造过程中也会沾污油剂和杂质，必须清除干净，同时在织造过程中，为了提高经纱的可织性，降低织造时经纱断头，提高织机效率和产品质量，一般需要对腈纶纱线进行上浆，而这些浆料会对染整加工过程带来许多障碍。因此，腈纶织物在前处理过程中，还需要去除在织造等加工过程中使用的浆料。

（二）退浆方法

腈纶纱的上浆一般以PVA化学浆料为主。可用双氧水或溴酸钠退浆，双氧水可与纯碱或烧碱进行一浴法退浆。但双氧水退浆温度不宜过高，否则会使布面发黄。纯碱退浆比烧碱退浆的手感要柔软些。

二、任务实施

（一）确定设备及工艺

1. 选择设备

腈纶织物的退浆过程可以在松式退浆联合机中进行，其针织品可在溢流染色机或绳状机中进行。

2. 制订工艺

（1）腈纶织物松式退浆联合机退浆。

①参考工艺处方。

碳酸钠（100%）	10～15 g/L
双氧水（100%）	15～20 g/L

②工艺流程。

浸轧碱氧液（轧液率100%）→汽蒸（60～80℃，10～15 min）→松式水洗→松式烘燥

（2）腈纶针织物溢流染色机退浆。

①参考工艺处方及工艺条件。

高效精练剂	0.5～1g/L
浴比	1:（10～30）
温度	50 ℃
时间	20～30min

退浆后用40～50℃温水冲洗，再用冷水冲洗

②工艺曲线。腈纶精练工艺曲线如图2－2所示。

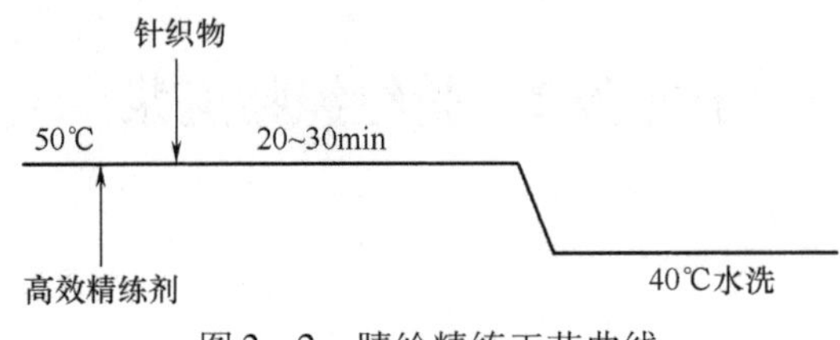

图2－2 腈纶精练工艺曲线

（二）操作过程

腈纶针织物溢流染色机退浆参考操作规程：

（1）将操作界面上所有的开关打在“OFF”上，关闭卸压阀。

（2）打开进水阀，按照工艺单把水加到所需的水位。

（3）启动循环泵和内辊，喂入要加工的织物。

（4）把布的一端穿过内辊进入喷嘴，一直到织物还剩1.5m时，关闭循环泵和内辊，用钩子把织物从罐体的前端钩出，找出布头，把布的头尾缝合在一起，形成连续的绳状。

（5）盖上盖子并旋紧螺栓，根据要求调节输送喷嘴手动阀和吸入手动阀的大小。

（6）选择程序，所有开关开于自动模式，启动循环泵和内辊，准备染化料。

（7）根据工艺要求，打开手动操作阀，通过化料缸分批打入染化料。

（8）加完染化料后，根据工艺运行，注意观察织物的运行状态和设备的工作状况。

（9）出布时，把缝在一起的头尾分开，通过接布辊把织物放入指定布车内。

（三）注意事项

（1）腈纶织物采用非离子型精练剂，不能用阴离子精练剂精练，以免造成沾污，影响染色。

（2）工艺结束，泄压并停止运行后，才能打开盖子，进行取样，排液。

◎知识拓展：腈纶织物湿热定形

腈纶织物的湿热定形目的是使织物平整并在后续湿处理中不易变形。腈纶在湿态时，玻璃化温度降低到75℃左右，如在高温张力作用下，很容易发生变形，造成纬斜等病疵，所以腈纶织物在染前要进行湿热定形。而对于要求较高的腈纶织物，由于染色温度较高，染色时定形效果有了一定程度的破坏，在染色之后，有必要再湿热定形一次。

腈纶织物常采用双槽煮呢机进行湿热定形。湿热定形温度可选择在85℃，双槽煮呢可往复6～10次，上辊筒压力不宜太高。湿热定形后可打卷自然冷却。

子任务3　腈纶织物增白

一、知识准备

（一）腈纶增白的目的

腈纶是合成纤维，一般都有较好的白度，无须漂白。对于白度要求较高的特白或某些鲜艳浅色品种，需要进行增白。

（二）腈纶增白的特点

双氧水漂白不能获得理想的漂白效果，多数情况下，白度要求高的腈纶织物需进行荧光增白；对于一些需要增艳的浅色织物，也可以进行荧光增白。

二、任务实施

（一）确定设备及工艺

1. 选择设备

腈纶织物采用荧光增白，工艺比较简单，增白后效果较好，主要用分散性增白剂或阳离子增白剂。可在溢流染色机或绳状机中进行。

2. 制订工艺

（1）参考工艺处方及工艺条件。

荧光增白剂BAC	0.2%～2%
分散剂	2%～5%

匀染剂	0～1%
草酸	1%～1.5%
醋酸调节 pH	4～5
柔软剂	1%
浴比	1:(20～40)

(2) 升温工艺曲线。

腈纶织物荧光增白升温工艺曲线如图 2－3 所示。

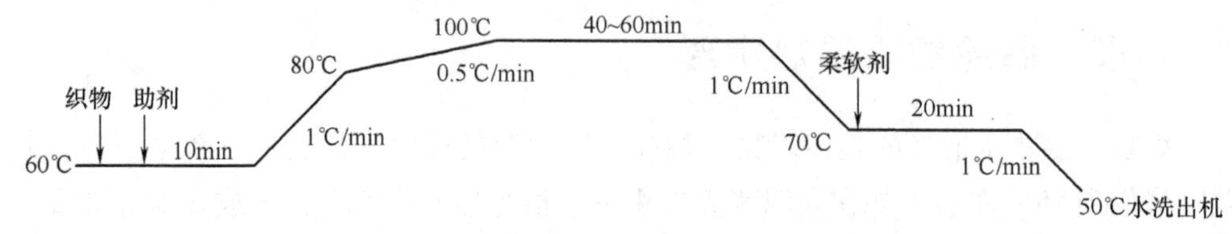

图 2－3 腈纶织物荧光增白升温工艺曲线

(二) 工艺操作过程

在 60℃依次加入扩散剂、醋酸、草酸和增白剂，搅匀，以 1℃/min 的速度升温到 80℃，再以 0.5℃/min 升到 100℃，保温 40～60min。以 1℃/min 降到 70℃加入柔软剂，保温 20min，再以 1℃/min 降到 50℃，水洗出机。

(三) 注意事项

(1) 增白时可加入阳离子匀染剂，以防止增白不匀。

(2) 增白剂在水中呈悬浮状态，使用前需摇匀、过滤，并加入分散剂帮助扩散。

任务二 腈纶织物阳离子染料染色

✲任务解析

腈纶是合成纤维，印染企业需要通过染色加工赋予其颜色，染色可以使腈纶制品呈现出人们所需要的各种颜色，用五颜六色来装点生活。在腈纶传统的染色工艺中，阳离子染料一直是专有染料。

一、知识准备

(一) 阳离子染料概述

1. 阳离子染料的特点

阳离子染料又称碱性染料或盐基染料，主要用于腈纶染色，还可用于改性涤纶（CDP）和锦纶的染色。

阳离子染料可溶于水，在水溶液中电离，生成带阳电荷的有色离子。染料的阳离子能与织物中第三单体的酸性基团结合而使纤维染色。

阳离子染料色谱齐全，颜色鲜艳，给色量高，在腈纶上的耐日晒牢度和耐皂洗牢度高。多数品种的耐日晒牢度可达6~7级，一般也可达到4~5级。但匀染性差，特别是染淡色。

2. 阳离子染料类型

商品阳离子染料有一般型（普通型）、X型、M型、SD型。各类型阳离子染料的拼色三原色如下。

一般型：阳离子嫩黄7GL、红2GL、艳蓝RL

X型：阳离子嫩黄X—8GL、金黄X—GL、红X—GRL、蓝X—GRRL

M型：阳离子黄M—RL、红M—RL、蓝M—RL

SD型：阳离子黄SD—3RL、红SD-GRL、蓝SD-GSL

（二）阳离子染料染色机理

（1）腈纶第三单体所含有的酸性基团在染液中发生电离，使纤维带负电荷。

腈纶—COOH $\longrightarrow$腈纶—COO^- + H^+

腈纶—SO_3H $\longrightarrow$ 腈纶—SO_3^- + H^+

腈纶上的酸性基团是阳离子的固着点，又称为“染座”。它的种类和含量会影响染料的上染量（饱和值）、上染速率等性能。当pH较低时（酸性条件下），纤维中酸性基团的电离被抑制，“染座”减少，染料吸附量减少，上染速率降低。

（2）阳离子染料与腈纶是以离子键结合，同时氢键和范德华力也起作用。结合过程如下：

腈纶—COO^- + $D^+$$\longrightarrow$腈纶—COOD

腈纶—SO_3^- + $D^+$$\longrightarrow$腈纶—$SO_3D$

（3）阳离子染料染腈纶的染色过程。

①染料在水溶液中电离而带电荷；

②纤维表面吸附染料，吸附量受游离酸性基团的限制；

③染料向纤维内部扩散，扩散速度随着温度上升迅速增大；

④进入纤维内部的染料与纤维上的酸性基团以离子键结合。

（三）阳离子染料在腈纶上的染色性能

1. 染料溶解性

阳离子染料溶于水，更易溶于乙醇、醋酸。醋酸是阳离子染料的良好溶剂。在染色生产中，为了提高染料溶解度，仍需要加醋酸、尿素进行助溶。

2. 染色饱和值

（1）腈纶染色的饱和值S_f。S_f是指100g腈纶在pH为4.5，浴比为1∶100，温度100℃条件下回流4h，上染率达到95%时，吸附孔雀绿染料的量。

腈纶的品种不同，第三单体的种类和数量不同，它们的染色饱和值也不同。

（2）染料的染色饱和值S_d。染料的饱和值即染料在纤维上的饱和浓度是指某染料在上述规定条件下在某纤维上的染色饱和值。

纤维的饱和值（S_f）与染料的饱和值（S_d）的比值称为饱和系数f。用它来判断某阳离子染料上染腈纶的能力。f 值越小，染料上染量越高，越易染得浓色。

纤维的染色饱和值、染色饱和值和系数的关系可用下式表示：

$$S_d = \frac{S_f}{f}$$

如果已知纤维的染色饱和值和某一染料的饱和系数，通过公式即可求出该染料的染色饱和值。

在实际染色中多采用拼色，各染料用量 $[D_i]$（包括阳离子助剂用量）乘以 f_i 值之和应等于或小于腈纶的染色饱和值。

$$[D_1]\times f_1 + [D_2]\times f_2 + [D_3]\times f_3 + \cdots [D_i]\times f_i \leqslant S_f$$

举例如下：

染料名称	染料用量（%，owf）	f 值
阳离子金黄 X－GL	1.5	0.45
阳离子艳红 X－GRL	1.3	0.61
阳离子艳蓝 X－GRRL	0.35	0.38
阳离子匀染剂	0.8	0.58

$$1.5\times 0.45 + 1.3\times 0.61 + 0.35\times 0.38 + 0.8\times 0.58 = 2.065$$

计算结果为2.065，小于国产腈纶的染色饱和值2.3，故此配方合理。对于每个染料来说，f 值越小，越易染成浓色。纤维的饱和值在2.2以上的染浓色较容易，如果在1.4以下，一般只能染中、淡色。如果染料的用量超过了纤维的饱和值，不仅浪费染料，而且易造成浮色，影响染色牢度。

3. 阳离子染料的配伍性（相容性）

阳离子染料上染腈纶，纤维上能被染料占有的位置是一定的，而且数量有限。在拼染时，由于染料上染速率的不同会产生竞染现象。若选择的拼染染料上染速率相等，竞染现象不发生或不明显，那么染料在此条件下是可配伍的。若拼染的染料始终按同一比例上染纤维，不同染色时间内染物只有颜色深浅的变化，色相保持不变，这样的染料称之为配伍性好，否则配伍性差。染料间的配伍性对染色质量影响很大，选择配伍性好的染料拼色，有利于减少各批染色物的色差，染色的重现性好。如配伍性不好，拼色时染色织物的色光会随着染色时间的变化而变化，不能获得均匀的染色效果。

阳离子染料配伍性以配伍值（K）表示。K 越小，染料上染速率越快，匀染性越差，但得色量高，染料可用于染深色；K 值越大，染料上染速率越慢，匀染性越好，染料可用于染浅色。

4. 染料的匀染性

获得匀染是阳离子染料染腈纶的主要问题。阳离子染料与腈纶的亲和力高，初染率较高，并获得97%～100%的上染率。但腈纶结构紧密，阳离子染料向腈纶内部扩散性能差，移染性差。另外，在玻璃化温度以上腈纶结构松弛，微隙增大，染色速率急剧增加，大量的染料在较短的时间内迅速上染。加上阳离子染料在腈纶上移染性差，因而，染色不匀现象一旦产生很难纠正。因此，阳离子染料染腈纶，如果工艺不当或条件控制不好，很容易出现染色不匀，特别是染浅色。

要获得匀染效果，必须采取必要措施，减缓染料上染速率。具体做法有：

（1）严格控制升温速度。阳离子染料染腈纶的关键是控制上染速率。在玻璃化温度下，染料上染较慢，升温速度可快些，即在80℃以前，升温可快些，每1～3min升高1℃。但在玻璃化温度附近，染料上染对温度非常敏感，必须严格控制玻璃化温度以上的上染率。一般来说，80～90℃升温要非常缓慢，每2～4min升高1℃；90～100℃时升温更缓慢，每3～6min升高1℃；然后在100℃保温适当的时间。

（2）在染液中加入缓染剂，可以减缓阳离子染料的上染。缓染剂主要有阳离子缓染剂和中性电解质（如元明粉）。

阳离子缓染剂是带正电荷的无色有机物，一般都是季铵盐型阳离子表面活性剂。染色时，阳离子缓染剂分子结构较小，扩散速率快，首先占据纤维上的染座，等染料阳离子进入纤维后，由于缓染剂与纤维的亲和力小于染料，逐步被染料取代，从而延缓染料的上染。

常用的阳离子缓染剂有匀染剂TAN（也称为1227）、匀染剂PAN等。但如果阳离子缓染剂的用量太多，染料的上染率会降低，致使颜色变浅，故阳离子缓染剂用量要适当。染浅色时缓染剂可多加，染中等色泽宜少加，染深浓色则不加。同时还要根据不同品种的腈纶来选择用量，含强酸性基的腈纶上染较快，缓染剂的用量多加，含弱酸性基的可以少加。

染浴中加入中性电解质（如元明粉），钠离子优先占领染座，然后在染色过程中又逐渐被染料阳离子所替代，从而起缓染作用，有利于染料的匀染，但缓染作用不及阳离子缓染剂。中性电解质对含弱酸性基团腈纶的缓染作用大于对含强酸性基团的腈纶。元明粉的用量不能过多，否则会使染料聚集甚至沉淀，降低得色量或形成色斑。因此，当阳离子染料染腈纶颜色较深时，也可加入较多的元明粉，使颜色剥浅。

（3）通过控制pH来达到延缓染料上染目的。当pH较低时，腈纶上的酸性基团离解少，减少了染料阳离子的上染量，所以加酸时起到缓染作用。染浅色时，用酸量多，pH为3～4.5；染深色时，pH为4～5。染色时以醋酸加醋酸钠的缓冲液为好。

二、任务实施

（一）确定工艺及设备

1. 选择设备

腈纶根据散纤维、丝束、纱线、毛条、织物等不同形式可在相应的设备上染色。腈纶织物染色可在绳状染色机、卷染机或轧染机上进行。

2. 制订工艺

（1）腈纶织物阳离子染料浸染工艺处方（owf）举例。

阳离子染料金黄X－GL	x
阳离子染料艳红X－GRL	y

阳离子染料艳蓝 X－GRRL	z
醋酸（98%）	2%～3%
醋酸钠	1%
匀染剂 1227	0～2.5%
分散剂 IW	0～1.5%
元明粉	5%～10%
pH	4～4.5
温度	100℃
时间	30～60min
浴比	1:（20～50）（视设备类型及染色浓度而定）

（2）染色升温工艺曲线。

染色升温工艺曲线如图 2－4 所示。

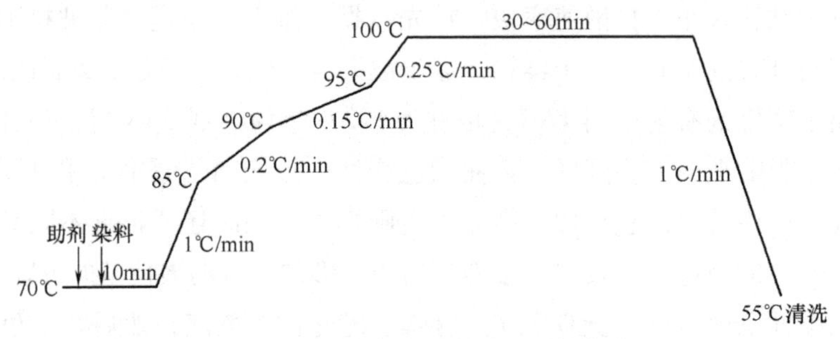

图 2－4　腈纶织物染色升温工艺曲线

（二）操作步骤

1. 染料溶解

阳离子染料先用等量的醋酸润湿、调匀、打浆，再加入沸水溶解，搅拌，完全溶解后过滤，加入染色机化料副缸。

2. 加料程序

加入元明粉→加入醋酸、醋酸钠、缓染剂 1227、分散剂 IW→加入已溶解好的染料

3. 升温操作

将染色升温工艺曲线参数输入染色机控制程序，启动运行程序。染色机将按工艺曲线进行升温、保温和降温，然后再进行水洗，出缸。

（三）注意事项

（1）严格控制升温速度对匀染至关重要。对于手动或半手动控制升温的染色设备，染前更要检查升温控制是否灵敏，特别是不能出现漏汽等现象。

（2）染色温度和时间根据纤维品种与色泽深度决定，染淡色时，升温时间长些即升温速度要慢，且按不同速度分段升温，保温时间短些；染深浓色升温可快些，保温时间延长。

（3）染深色时，可不加缓染剂或分散剂。

（4）应先消除染浴中的游离氯。在染浅色或特浅鲜艳色时，先将缸中水加热至 90℃，使

游离氯挥发殆尽，含有酸式碳酸钙、镁等暂时性硬水物质因沉淀而进一步减少，可得到理想水质。

（5）如果染出的颜色偏深，可用5%～10%元明粉升温至沸保温一定时间将颜色剥浅。

（四）阳离子染料染腈纶常见疵病及预防措施

阳离子染料染腈纶常见疵病及预防措施见表2－1。

表2－1　阳离子染料染腈纶常见疵病及预防措施

疵病名称	产生原因	防止措施
色花	1. 染色配方中染料的配伍性不好 2. 始染温度过高，升温速度过快 3. 用酸量不当 4. 缓染剂用量不当 5. 车速或泵速不当	1. 选择配伍值相接近的染料进行拼色 2. 选择合适的始染温度，严格控制升温速度 3. 染浅色和亲和力大的染料用酸量要多，染深色和亲和力小的染料用酸量要少 4. 缓染剂的用量除考虑染色深度外，还应特别注意所染腈纶的类型与性质 5. 车速可适当调高，泵速要调快一些
色斑	1. 配方中有阴离子助剂，与阳离子染料生成沉淀物 2. 染料溶解不良 3. 染色机在连续使用过程中积累了污染物	1. 配方中不能含有阴离子助剂，如有则要加入防沉淀剂 2. 阳离子染料的溶解要用与染料等量的醋酸充分调浆，再用沸水或沸热的尿素水溶液稀释，加入染缸前要过滤 3. 可用纯碱、保险粉、洗涤剂或次氯酸钠洗缸
手感不良	1. 染色助剂选择不当 2. 染后降温太快 3. 出机温度太高	1. 宜选择阳离子助剂染色 2. 控制降温速度为1℃/min左右 3. 出机温度控制在50℃

◎知识拓展：新型阳离子染料染腈纶

一、M型阳离子染料染色

M型阳离子染料也称为迁移型阳离子染料，分子结构简单，相对分子质量小，亲和力低，扩散性能和匀染性能好，在沸染过程中具有优良的迁移性，适用于各种腈纶织物的染色，染浅色可少加缓染剂，中深色不加缓染剂。因染色时不用严格控制始染温度和升温速度，比普通型阳离子染料染色升温时间短得多。这类染料的相容性好，拼色时不需要考虑配伍性。三原色有阳离子黄M－4GL、红M－RL、蓝M－2G。

腈纶染色参考工艺处方如下：

M 型阳离子染料	x
醋酸（98%）	1～2mL/L
缓染剂	0.1%～0.5%（浅色）
浴比	1:(15～20)
温度	100℃
时间	30～60min

二、分散型阳离子染料染色

分散型（也称为 SD 型、ED 型）阳离子染料是将阳离子染料的阴离子置换成相对分子质量较大的其他阴离子，使染料的溶解度降低到几乎为零的程度，然后再用诸如木质素磺酸钠等扩散剂进行砂磨所得到的染料。这类染料已成为一种分散状态，但在高温下（≥100℃），它的阴离子基团逐渐脱落，便恢复成了阳离子染料。分散型阳离子染料的化料方法、染色方法可参照分散染料染色，只是染色温度为 100℃ 即可。分散型阳离子染料的提升力不及普通 X 型阳离子染料。国产的 SD 型阳离子染料的三原色为黄 SD－GL、红 SD－GRL、蓝 SD－RL。

腈纶染色参考工艺处方如下：

SD 型阳离子染料	x
醋酸（98%）	1～1.5mL/L
醋酸钠	0.5g/L
浴比	1:(15～20)
温度	98～100℃
时间	30～60min
pH	4～4.5

腈纶 SD 型阳离子染料染色升温工艺曲线如图 2－5 所示。

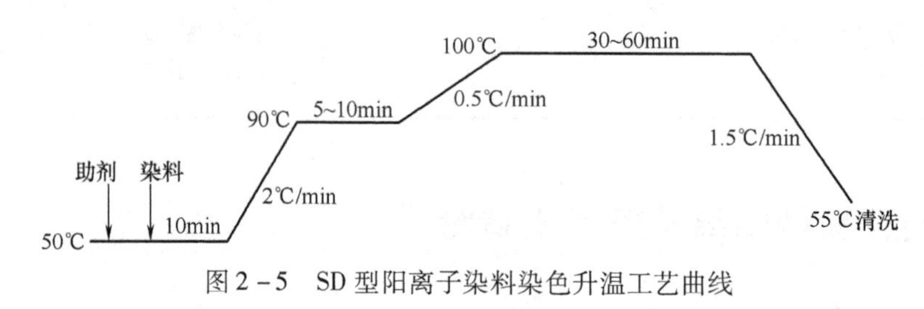

图 2－5　SD 型阳离子染料染色升温工艺曲线

任务三　腈纶针织物阳离子染料小样染色

一、任务分析及布置

本任务采用阳离子染料控制升温染色法染腈纶针织物或腈纶纱线。

学生以2~3人为一个工作小组，共同制订腈纶针织物或纱线用阳离子染料小样染色方案，然后每个人单独进行染色打样，整理并贴样，最后完成小样染色报告。

二、任务实施

（一）实施条件

1. 实验材料

腈纶针织物或腈纶纱线（每份2g）。

2. 实验仪器

恒温水浴锅（或振荡式小样染色机）、电炉（皂煮）、烘箱、电子天平、托盘天平、玻璃染杯（250mL）、量筒（100mL）、烧杯（50mL，500mL，1000mL）、容量瓶（250mL、500mL）、温度计（100℃）、玻璃棒、电熨斗、角匙。

3. 实验药品

HAc、NaAc、匀染剂、元明粉、阳离子染料。

（二）实施方案设计

1. 染色工艺处方

表2-2列出了阳离子染料染色深、中、浅档参考染色浓度的处方。其他染料浓度对应的各助剂用量可采用插值计算法或参考染料应用手册来确定。

表2-2　阳离子染料染色参考处方

染料浓度（%，owf）	0.5	1.0	2.0
冰醋酸（%，owf）	3.0	2.5	2.0
醋酸钠（%，owf）	1.0	1.0	1.0
匀染剂1227（%，owf）	2	1.5	1
元明粉（%，owf）	10	8	5
pH	3.0~4.5	4.0~5.0	4.0~5.0
浴比	1:50	1:50	1:50

2. 染色工艺曲线

染色工艺曲线如图2-6所示。

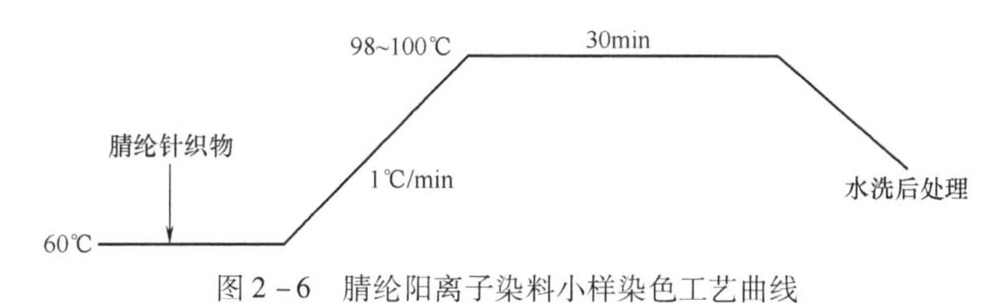

图2-6　腈纶阳离子染料小样染色工艺曲线

（三）操作步骤

（1）按打样处方计算并准确吸取所需的染料、助剂量，并在干净的染杯中配制染液。

（2）将染杯置于恒温水浴锅（或振荡式染色小样机）中，升温至始染温度60℃。

（3）将事先用温水浸泡的腈纶针织物或纱线取出并挤干水分，投入染杯中染色，及时搅拌并不断翻动试样。

（4）严格控制升温速度升温至沸，续染30min。

（5）取出染杯，让其自然降温至50℃，取出试样，水洗，烘干，整理贴样。

（四）注意事项

（1）配制染料母液时要先加入适量醋酸助溶（母液所含醋酸量要计入处方量），将染料调成浆状，再加入适量沸水溶解，使染料充分溶解后，待冷却至室温才能移入容量瓶中。

（2）腈纶染色较易染花，必须严格控制好始染温度和升温速度，染浅色时，入染温度为60℃，中、深色入染温度为80℃左右。如是手工染色还要经常搅拌，以免染花。

（3）染色时间要足够，使染色达到匀染效果。

（4）染色结束后，取出染杯，让其自然降温到50℃，取出试样，水洗。切忌在高温条件下马上取出试样用冷水洗涤，否则影响手感。

三、任务小结

任务完成后，填写工作任务报告，见表2-3。

表2-3 工作任务报告表

染色处方	
贴样	
结果分析	

任务四 腈纶制品整理

✲任务解析

腈纶具有优良的保暖性能，在手感及用途上酷似羊毛，又有“人造羊毛”之称。通过一些常规的整理方法，如腈纶纱线的膨化处理、柔软整理等，可以改善腈纶的手感、弹性和外观，进一步提高其服用性能。

子任务1 腈纶纱线膨化处理

一、知识准备

（一）腈纶纱线的分类

腈纶纱线可以分为正规纱和膨体纱两种，腈纶膨体纱又称为腈纶膨体绒线。腈纶膨体纱一般是用40%～50%的高收缩纤维与50%～60%的正规腈纶混合后纺制，成纱后经过膨化处理，纱线结构中的高收缩纤维收缩，并趋向于纱线结构的中芯，而正规腈纶不收缩而形成波浪型的卷曲，构成了纱线结构的外层。

（二）腈纶膨体纱特点

腈纶膨化后纱线长度收缩15%～30%，直径增加2倍以上，具有良好的膨松性和保暖性。腈纶正规纱和腈纶膨体纱的染整工艺除了正规纱不必进行膨化处理外，其余基本相同。

（三）腈纶膨体纱膨化方法及其特点

腈纶膨体纱的膨化处理方法有干热风膨化、热水膨化和汽蒸膨化。干热风膨化方法效果不理想，且易使纱线泛黄，故实际生产中应用不多。热水膨化方法的优点是操作简单，不需要专门膨化设备；缺点是生产效率低。汽蒸膨化是较好的膨化方法，膨化效果好，实际生产中采用较多。

还有一种是真空高温汽蒸膨化方法。此法膨化均匀、纱线收缩后的定形效果好。由于膨化时需抽除机内空气，可以减少汽蒸时的空气氧化作用，因此纱线泛黄少，膨化作用匀透，纱线收缩后的热定形作用好，可提高服用时的抗形变性能。

二、任务实施

（一）确定加工设备

热水膨化在柜式绞纱染色机（也称箱式绞纱染色机）上进行，如图2－7所示。汽蒸膨化一般在常压汽蒸箱内进行，也可以采用高温真空汽蒸膨化机（图2－8）。

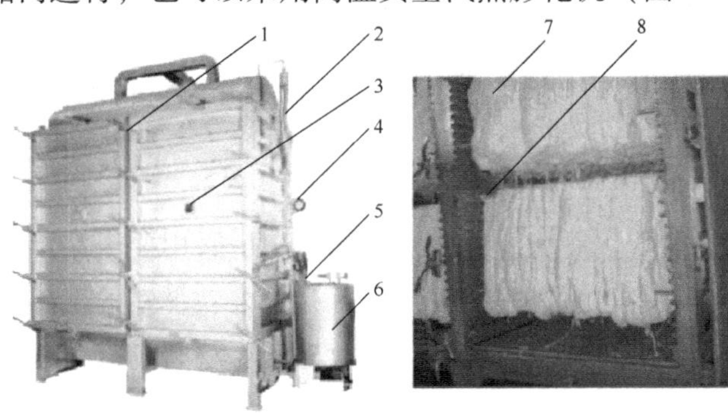

图2－7 柜式绞纱染色机

1—柜门紧固件 2—水位计 3—视窗 4—压力表 5—搅拌器

6—化料桶 7—绞纱 8—挂纱杆

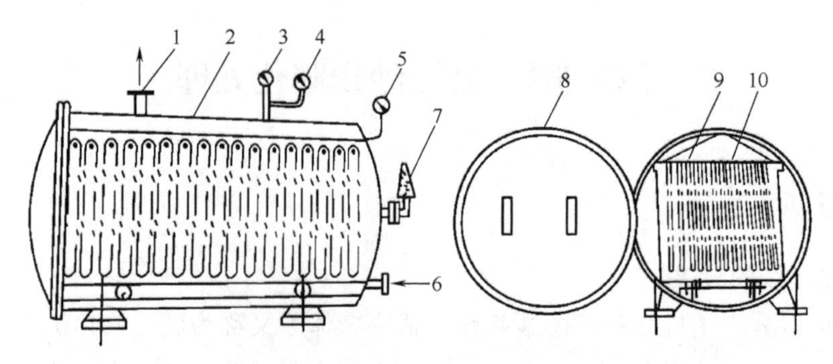

图 2-8　高温真空汽蒸膨化机

1—抽真空及排汽　2—高压锅体　3—压力表　4—真空表　5—温度表　6—进汽口
7—安全阀　8—封闭门　9—挂纱杆　10—纱线

（二）操作步骤及工艺条件

1. 热水膨化

热水膨化在绞纱染色机上进行。先将绞纱穿入上下挂纱杆上，上下杆的距离要小于绞纱收缩后的距离，使绞纱可以自由收缩膨化。装好纱后，关闭柜门。在绞纱染色机染槽中注入清水，调节好染色水位。用醋酸、磷酸三钠调节 pH 为 6～8，开机运行，升温至沸。绞纱浸入沸水，静置 10～15min 后开循环泵，按 2min 降 1℃的速度降温至 50℃后，出机或继续染色。

2. 汽蒸膨化

汽蒸膨化可在一般常压汽蒸箱内进行。膨化时，纱线穿在挂纱杆上，推入蒸箱，通入直接蒸汽，于 96～100℃膨化汽蒸 10～20 min，关闭蒸汽，降温排汽，出机。

（三）注意事项

（1）膨体纱可以在染前或染后进行汽蒸膨化处理。染后进行汽蒸膨化对提高染色牢度有一定好处。

（2）腈纶膨体纱染色后手感可能变硬，用适当的柔软剂处理可以得到改善。

子任务 2　腈纶制品柔软整理

一、知识准备

（一）柔软整理的目的

为了使腈纶纱线具有柔软、滑爽、丰满的手感，满足服用要求，可以对腈纶纱线施加柔软剂，降低纤维之间、纱线之间的摩擦系数，从而获得柔软平整的手感。在腈纶织物上施加柔软剂，同样可以降低纤维之间、纱线之间及织物与人手之间的摩擦系数，从而获得柔软平整的手感。

（二）腈纶制品柔软整理剂特点

腈纶制品柔软整理剂主要是阳离子型柔软剂，阳离子型柔软剂是目前纺织产品加工中应用较为广泛的一类柔软剂，对腈纶有较高的亲和力，柔软效果好，并且耐高温和洗涤，还具有一定的抗静电作用。

二、任务实施

（一）确定设备及工艺

1. 选择设备

可在溢流染色机或绳状机中进行。

2. 制订工艺

参考工艺处方及工艺条件如下：

柔软剂	0.5% ~3%
pH	6 ~7
温度	65 ~90 ℃
时间	15 ~30min

（二）操作步骤

腈纶织物于柔软整理液中，升温至工艺温度，处理规定时间，降温出机。

◎知识拓展1：腈纶织物其他染色方式

一、腈纶织物卷染

腈纶织物卷染采用能自动调节张力的等速卷染机，卷染染液的组成与浸染相似，除含有染料外，还有醋酸、醋酸钠、元明粉、阳离子缓染剂等。

染色流程：

入染（60℃，4 道）→染色（98 ~100℃，沸染 80 ~90min）→热水洗→皂洗→热水洗→温水洗

二、腈纶制品轧染

轧染主要适用于涤腈混纺织物的热熔染色。因为涤腈混纺织物中含有涤纶和腈纶两种成分，所以热熔法轧染涤腈混纺织物一般是将分散染料和阳离子染料同浴，即一浴法轧染。由于商品分散染料中含有大量的阴离子型分散剂，能和阳离子染料结合，使染浴不稳定，因此一般是将阳离子染料先制成分散型阳离子染料，使分散型阳离子染料和分散染料同时分散在水中。

轧染液内含有分散染料、分散型阳离子染料、醋酸、促染剂、释酸剂、非离子表面活性剂及少量糊料等。

◎知识拓展2：腈纶制品分散染料染色

腈纶也可用分散染料染色，有较好的耐水洗和耐日晒牢度，匀染性能良好，但在常压下

很难染得深色，仅适用于染浅色。染色在 pH 为 5 左右的染浴中进行，从 60℃开始逐渐升温至 95 ~ 100℃，续染 60 ~ 90min，然后逐步降温至 55℃左右，再在 50 ~ 60℃进行水洗。如采用高温染色，上染速率和平衡上染量都可提高，但温度过高，会使纤维发生收缩。

◎知识拓展 3：改善腈纶抗静电性能的方法

腈纶在加工过程中容易产生静电，与工件发生缠绕，易污染吸尘；穿着时也会因为静电而使人产生不适感。

从纺织工程的角度来看，可以采用抗静电纤维、导电纤维与普通的腈纶混纺、交织、交编或嵌织的方法提高纤维集合体的导电能力，克服静电干扰。

从材料学的角度来看，提高腈纶抗静电性大致有以下两种途径：一是用表面活性剂（抗静电剂）对纤维进行亲水化处理，提高纤维的吸湿性，从而降低纤维的电阻率，加快电荷逸散；二是对成纤高聚物进行共混、共聚、接枝改性引入亲水极性基团或在纤维内部添加抗静电剂，制得抗静电纤维。

思考与练习

一、填空题

1. 腈纶属于________，因此腈纶制品不含天然杂质，前处理较为简单。

2. 腈纶纱的上浆一般以________浆料为主。

3. 因为腈纶是热塑性纤维，耐热性________。

4. 腈纶织物的退浆过程可以在________中进行，其针织品可在________中进行。

5. 在腈纶传统的染色工艺中，________染料一直作为腈纶的专有染料。

6. 为了使腈纶纱线具有柔软、滑爽、丰满的手感，满足服用要求，可以对腈纶纱线施加________，降低纤维之间、纱线之间的________，从而获得柔软平整的手感。

7. 腈纶膨体纱又称为________。

8. 腈纶具有优良的________性能，在手感及用途上酷似________，有“人造羊毛”之称。

9. 阳离子染料配伍性以________表示。

10. 配伍值 K 越小，染料上染速率越________，匀染性越________，得色量________，染料可用于染________色。

11. 阳离子染料染腈纶，加入元明粉起________作用

二、选择题（有一个或多个正确答案）

1. 腈纶织物使用的烧毛设备主要采用（　　）烧毛机。

A. 气体　　B. 铜板　　C. 圆筒

2. 腈纶制品的退浆过程主要是为了去除（　　）。

A. 浆料　　B. 油剂　　C. 杂质　　D. 棉籽壳

3. 可以适当加入（　　）对腈纶织物染色色花进行有效控制。

A. 缓染剂　　B. 促染剂　　C. 增白剂　　D. 柔软剂

4. 腈纶纱线的汽蒸膨化处理的汽蒸温度为（　　）℃。

A. 100　　B. 80　　C. 60　　D. 90

5. 腈纶制品柔软整理剂主要使用（　　）。

A. 阴离子型柔软剂　　B. 阳离子型柔软剂

C. 非离子型柔软剂

6. 阳离子染料的配伍值 K 越大，则染料的上染速率越（　　），匀染性越（　　）。

A. 快　　B. 慢　　C. 好　　D. 差

7. 普通型阳离子染料染色时，一般采用（　　）调浆、助溶，同时调节染浴的 pH。

A. HAc　　B. NaOH　　C. NaAc　　D. H_2SO_4

8. 阳离子染料的（　　）越小，染料上染速率越快，得色量越高。

A. 配伍值　　B. pH　　C. 饱和值　　D. 饱和系数

9. 阳离子染料有效的匀染措施有（　　）

A. 控制升温速率　　B. 加元明粉　　C. 加阳离子表活剂　　D. 提高染色温度

10. 腈纶用阳离子染料染色时，染液中醋酸的作用是（　　）。

A. 促染作用　　B. 缓染作用

C. 化料时帮助染料溶解　　D. 渗透作用

三、简答题

1. 腈纶制品的主要物理化学性能有哪些?

2. 腈纶制品增白的目的是什么?

3. 说明阳离子染料上染腈纶的染色过程和染色基本条件。

4. 阳离子染料染腈纶为什么不易匀染？改善腈纶染色的匀染性的措施有哪些?

5. 为了使染色均匀，阳离子染料染腈纶的升温如何控制？75℃以上的升温方式有哪几种?

6. 元明粉在阳离子染料染腈纶过程中起何作用？其作用原理是什么?

7. 腈纶膨体纱的膨化处理有哪几种方式？较常用的是哪一种？其操作过程如何?

四、案例分析

某印染厂对一批腈纶制品进行染色，染完后发现染花现象明显，试分析可能产生的原因并提出预防措施。

五、综合题

1. 已知国产腈纶的纤维染色饱和值 S_f =2.3。下列处方设计是否合理？请简要地说明理由。

染料和助剂名称	用量（%，owf）	饱和系数（f 值）
阳离子嫩黄 7GL（500%）	2	0.45
阳离子红 2GL（250%）	1.5	0.61
阳离子艳蓝 RL（500%）	0.8	0.38
缓染剂 1227	1.1	0.58

2. 有一印染厂采用阳离子染料在溢流染色机中对质量为400kg的腈纶针织物进行染色。染色工艺处方、工艺条件及工艺操作过程如下：

阳离子艳红5GN（250%）	2.4%（owf）
醋酸98%	2.5%（owf）
匀染剂TAN	0.5%（owf）
柔软剂	5%（owf）
元明粉	10g/L
浴比	1:20

起染温度为70℃，先加入醋酸、元明粉、匀染剂TAN，开机运转循环10min后，加入已溶解好的阳离子染料，运行10min。以1℃/min升温至85℃，保温15min，再以0.5℃/min升温至95℃，保温20min，然后以20min升温至100℃，再沸染45~60min后，以1.6℃/min缓慢降温至80℃，加入柔软剂，再以1.6℃/min的速度降温到60℃出机。

（1）该工艺采取了哪些匀染措施？

（2）请画出该染色工艺曲线。

（3）请计算出各染料的用量（单位：g）及各助剂的用量（单位：kg）。

项目三　锦纶织物染整

※学习目标

●知识目标

（1）能说出锦纶织物染整各工序工艺流程；

（2）能描述锦纶织物前处理工艺及方法；

（3）能描述酸性染料染色性能和锦纶织物染色原理；

（4）能描述酸性染料染色的工艺及方法。

●技能目标

（1）能读懂生产工艺单；

（2）会制订锦纶织物前处理、染色及整理一般工艺；

（3）能根据工艺处方计算染化料用量并配制工作液；

（4）会用小样染色设备实施锦纶织物染色工艺；

（5）会分析锦纶织物染整工艺质量。

※项目描述

印染厂接到锦纶织物染整生产任务单，根据客户对产品质量的要求，分析锦纶织物染整加工难点和注意事项，制订切实可行的生产工艺，合理安排生产。在生产过程中，严格遵守操作规程，注意对染整产品质量监控，发现问题及时采取应对措施，保证按时按质按量完成生产任务。

※相关知识

1. 锦纶简介

锦纶是聚酰胺纤维的中国商品名称，国外名称有尼龙、卡普隆等。锦纶于1938年作为商品问世，是合成纤维中第一个实现工业化生产的品种。

锦纶早期主要用于制造轮胎帘子线、降落伞、袜子、围巾、地毯、雨伞面料等。目前深受消费者喜欢的羽绒服和登山服所用面料仍以锦纶为最佳。

近年来，在我国沿海一带的印染加工企业生产中，锦纶的印染加工量大增，特别是锦棉和锦氨混纺、交织、包芯纱等品种，作为休闲服、运动服面料，具有滑爽、舒适、防水、防风保暖等特性。另外，以锦纶为主的蕾丝面料，因质地轻薄而通透，具有优雅而神秘的艺术效果，广泛地运用于女性服饰的装饰，十分流行。

随着新合纤的发展，聚酰胺超细纤维和变形丝的发展潜力也很大。它具有手感柔软、轻盈飘逸、悬垂性好、透气吸湿、光泽优雅、蓬松丰满、穿着舒适等特点，是一种高附加值的纤维，可制作各种仿真面料，如仿真丝绸、仿麂皮、仿桃皮绒等，产品可达到以假乱真的效果。另外复合纤维中的聚酯/聚酰胺复合超细纤维，对其纺织品的性能也有重要的影响，也是锦纶的发展方向。

2. 锦纶产品常见规格及特征

由于制成该纤维的基本链节所含碳原子数目不同，从而有锦纶6、锦纶66、锦纶11、锦纶610、锦纶1010及锦纶4等。纺织工业中最常用的是锦纶6和锦纶66。

锦纶织物的耐磨性、强度居各种天然纤维与化学纤维织物之首。因此，锦纶纯纺、混纺及交织物均具有良好的耐用性。在合成纤维织物中，锦纶织物的吸湿性较好，回潮率为4.5%左右，有些品种如锦纶4可达7%，故其穿着舒适感和染色性要比涤纶织物好。

锦纶织物的弹性及弹性回复性极好，但在小外力下易变形，尺寸稳定性较差。锦纶织物耐热性和耐光性均较差，在日光照射下，颜色会逐渐变黄、织物发脆、强度下降，因此在使用过程中要注意洗涤、熨烫和服用条件，一般安全使用温度为锦纶6 <93℃，锦纶66 <130℃。

3. 锦纶产品的一般染整加工过程

坯布准备（挑拣、分档、量幅、配卷等）→缝头→（打卷）→（预定形）→精练→水洗→（预定形）→染色→柔软整理→脱水→烘干→后整理及特种整理（定形、拒水、防油污、防静电、涂层等）→成品检验→包装

任务一　锦纶前处理

✲任务解析

为了使织物在后续加工中获得良好的吸湿性、白度、尺寸稳定性及均匀鲜艳的颜色，印染加工前必须对坯布进行适当的前处理。前处理质量好坏，将直接影响后续加工过程及成品的质量。

锦纶属于热塑性纤维，在高温精练或染色时易产生变形和折皱印，所以要对织物进行预定形处理，防止产生折痕。锦纶织物一般前处理工艺流程为：

精练→(增白)→预定形

子任务1　精练

一、知识准备

（一）精练目的

锦纶织物含杂少，精练的目的只是去除纤维在纺丝、织造过程中沾上的油剂和其他污物。所以常把退煮或退煮漂合并进行。

（二）精练特点

锦纶织物精练用助剂常用肥皂或合成洗涤剂，对沾污严重的可加入少量纯碱、磷酸三钠，

精练条件比较温和。

二、任务实施

（一）确定设备及工艺

1. 选择设备

锦纶织物精练可在卷染机（图3－1）或喷射溢流染色机上进行。

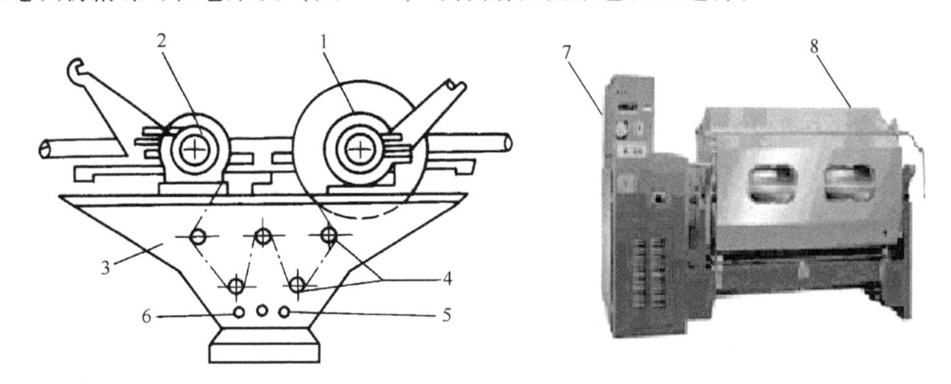

图3－1 普通卷染机

1—卷布辊 2—刹车 3—染槽 4—导布辊 5—加热直接蒸汽管

6—保温间接蒸汽管 7—主控箱 8—机罩

2. 制订工艺

（1）卷染机精练工艺处方。

合成洗涤剂	4～5g/L
渗透剂JFC	1～2g/L
纯碱	5g/L
或磷酸钠	2～5g/L
保险粉	0～1g/L
浴比	1:4

（2）卷染机前处理工艺条件。

50℃一道→70℃一道→85℃一道→95℃四道→70～80℃热水洗→温水洗→冷水洗

（二）注意事项

（1）打卷要整齐无皱印，无纬斜，出水打卷要平整。

（2）必须逐渐升温和降温，否则锦纶织物易产生折皱。

◎知识拓展：溢流染色机精练工艺

溢流染色机精练工艺处方及工艺条件：

洗涤剂209	2～3g/L
纯碱	0.5g/L

温度　　　　　　70℃

时间　　　　　　15～20min

精练后用温水（40～50℃）冲洗，然后用冷水洗净。

子任务2　预定形

一、知识准备

预定形是为了纠正纺织过程中纤维受到的歪曲、折皱，消除织物在加工中产生的内应力不匀，保证织物精练、染色时平整，防止染色过程中产生条花、折皱和鸡爪印等疵病，同时使织物尺寸稳定，改善织物服用性能。

二、任务实施

（一）确定设备及工艺

1. 选择设备

锦纶织物预定形选用针板式定形机。此定形机有超喂装置，定形时纬向拉力要小，经向要尽量超喂，以保证锦纶织物充分蓬松。

2. 制订工艺

锦纶织物预定形工艺条件见表3－1。

表3－1　锦纶织物预定形工艺条件

锦纶织物类型	染色使用设备	锦纶品种	预定形温度（℃）	预定形时间（s）
锦纶常规丝（梭织品）	卷染机	锦纶6	190±2	10～20
		锦纶66	215±8	
锦纶常规丝（针织品）	经轴染色机	锦纶6	170	10～20
		锦纶66	190	
	绳状染色机或喷射溢流染色机	锦纶6	190±2	
		锦纶66	215±8	
锦纶异形丝（针织品）	绳状染色机或喷射溢流染色机	锦纶6	最高160	10～20
		锦纶66	最高180	

注　预定形条件还应根据各工厂设施和织物的具体情况而定。

（二）注意事项

预定形可在精练或染色前进行，但若织物用PVA浆料上浆，则必须先退浆后定形。否则，PVA浆料在热定形的高温作用下会产生不溶于水的有色物质，增加退浆、精练的难度，并会影响到织物的外观质量。

◎知识拓展：锦纶增白

锦纶本身已经较白，一般品种无须进行漂白。且次氯酸钠、双氧水对锦纶有降解、脆化发黄作用。目前锦纶应用较多的是用荧光增白剂增白，常用的雷可福 PAF、天来宝 RP、卡爱可尔 RP 等荧光增白剂均有一定的增白效果。

增白工艺处方（owf）：

荧光增白剂　　0.1% ~0.5%

醋酸　　1% ~2%

工艺条件：

浴比　　1:(10 ~20)（视设备类型而定）

温度　　60 ~70℃

时间　　30 ~45min

任务二　锦纶染色

✲任务解析

锦纶制造过程中，由于聚合、纺丝、热处理的某些工艺条件存在着差异，即使是微小的差异，也会直接影响锦纶内氨基的含量，或导致锦纶丝的结晶度和取向度产生差异，引起上染性能差别较大，在染色后的织物上暴露出经柳、横档和色差的疵病。所以，对不同厂家生产的锦纶，甚至同一厂家生产的不同批号的纤维，在坯布准备时要进行挑拣，按同一牌号、批号配布。当更改产品所用纤维时，染色前应作小样对比试验，修正染色处方，选定合适的染料和工艺。对纤维品质有问题的织物，应通过试样，改染有利于掩盖纱疵的颜色。

✲相关知识

锦纶 6 与锦纶 66 因化学结构十分相似，染色性能基本相同。但锦纶 66 分子链排列比锦纶 6 紧密，所以染料吸附量比锦纶 6 低，上染速率比锦纶 6 慢，染料移染性较差，但染制品湿处理牢度较高。

在锦纶分子中，既含有较多的非极性基团的碳氢链节，又含有极性的氨基、羧基及分子链中大量存在的酰氨基。所以，锦纶染色可以使用的染料类别很多，几乎所有的染料都能应用。但各种染料染锦纶时效果也不一样，应根据产品要求，如色泽深浅（匀染性及覆盖性）、色泽鲜艳度（发色效果）、色牢度等具体情况选择合适的染料。

在实际生产中，锦纶染色常用酸性染料，可染中深色，必要时适当拼入分散染料或中性染料。淡色可用分散染料染色。某些特别深浓的品种如黑色等，可以用中性染料染色。其他如活性染料、直接染料等品种，也可作为补充色谱或调节色光使用。

各类染料对锦纶的染色效果如表 3 -2 所示。

表 3－2　各类染料对锦纶的染色效果

染料类型	染色性能	色谱范围	牢度		备注
			光牢度	湿处理牢度	
酸性染料	色泽鲜艳，使用方便，匀染性、覆盖性较差	齐全	一般	浅色一般，中深色较差，需要固色	目前国内经常采用
中性染料	覆盖性、匀染性差	仅用于深暗色	较好	较好	有应用
分散染料	匀染性好，使用方便	色谱齐全，艳色例外	一般	一般	有应用
直接染料	覆盖性差，饱和值低	有一定限制	一般	浅中色一般，深色较差，需固色	个别有应用
活性染料	色泽鲜艳，使用方便，得色量较低，匀染性较差	仅用于中浅色	一般	较好	应用不多
媒介染料	使用麻烦	仅适用于深暗色	良好	很好	应用不多
分散活性染料	匀染性好，覆盖性好	不齐全	较好	较好	国内品种较少
涂料	仅浅色可用，覆盖性较好	齐全	较好	很好，有的摩擦牢度差	手感受影响

子任务 1　酸性染料小样染色

一、任务分析布置

教学情景：染色实验室，理论与实践一体化教学。

教学主要用具：恒温水浴锅，锦纶织物，弱酸性染料。

实践形式：分组实验。

锦纶织物的染色以酸性染料为主，在学习酸性染料的相关知识之前，我们先在实验室动手做小样染色实验，提高对锦纶染色的感性认识。各小组按照教师和教材的指引，分工合作，边做边学，由此进一步理解酸性染料的染色性能、染色工艺及其操作，并拓展相关的知识。

二、任务实施

（一）实施条件

1. 实验仪器

恒温水浴锅（或振荡式小样染色机）、电子天平、染杯（250mL）、烧杯（250mL、

500mL)、量筒（100mL)、移液管、吸耳球、温度计（100℃）、玻璃棒、角匙、烘箱。

2. 实验药品

弱酸性染料、冰醋酸、元明粉

3. 实验材料

锦纶织物（每块2g)。

（二）工艺处方和工艺条件

酸性染料小样染色工艺处方和工艺条件见表3－3。

表3－3　酸性染料小样染色处方和工艺条件

处方和工艺条件 \ 试样编号	1#	2#	3#	4#
弱酸性深蓝 GR（%，owf)	1	1	1	1
冰醋酸（mL/L)	—	2.5	5	2.5
元明粉（g/L)	—	—	—	1.5
织物质量（g)	2	2	2	2
浴比	1:50	1:50	1:50	1:50

注　可根据染料库存灵活采用弱酸性染料型号。

（三）操作步骤

配制5g/L的弱酸性深蓝GR染料母液，按工艺处方计算出所需染料母液体积，然后用移液管吸取规定量的母液加入染杯中。加水至规定液量，加入醋酸和元明粉，分别测定各染液的pH，并记录。将预先用温水润湿的锦纶织物分别投入4个染杯中，按图3－2工艺曲线进行操作。染毕取出试样，用水洗净、烘干。

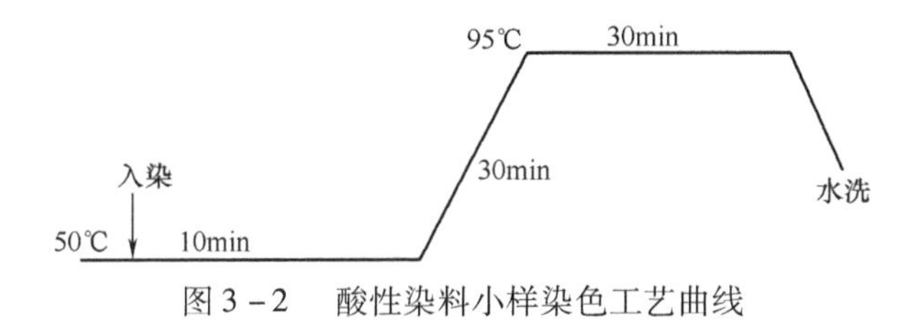

图3－2　酸性染料小样染色工艺曲线

（四）注意事项及讨论

（1）染色时，织物应经常用玻璃棒搅动，一般每隔2～3 min一次。注意织物不应露出液面。

（2）染色完成后，各小组注意观察4个试样的得色浓淡和匀染情况，并与同学、老师讨论，分析原因。

（3）课后完成实验报告。

子任务2　锦纶织物酸性染料染色

一、知识准备

（一）酸性染料染色性能及分类

酸性染料分子结构比较简单，分子中含有磺酸基（$—SO_3H$）、羧基（—COOH）等水溶性基团，易溶于水，在水中电离成色素阴离子。由于这类染料在发展初期，都必须在酸性介质中染色，所以被称为酸性染料。酸性染料主要用于羊毛、蚕丝等蛋白质纤维和聚酰胺纤维的染色。

酸性染料色谱齐全、色泽鲜艳，但染料的湿处理牢度较差，一般中深色都必须经过固色处理，才能达到牢度要求。

按照应用性能的不同，酸性染料可分为强酸性浴染色的酸性染料（强酸性染料）、弱酸性浴染色的酸性染料（弱酸性染料）和中性浴染色的酸性染料三类。

不同类型酸性染料染色性能见表3－4。

表3－4　不同类型酸性染料染色性能

染色性能	强酸性染料	弱酸性染料	中性浴染色的酸性染料
染料溶解性	好（相对分子质量小）	稍差（相对分子质量较大）	差（相对分子质量大）
匀染性	好	中	差
染液 pH	2～4	4～6	6～7
与纤维结合形式	离子键	离子键、范德华力、氢键	范德华力、氢键
湿处理牢度	较差	较好	好

（二）酸性染料染锦纶的染色原理

锦纶虽属于合成纤维，但它和涤纶不同，锦纶分子链两端含有氨基（$—NH_2$）、羧基，长链中含有酰氨基（—CONH—），具有类似蛋白质纤维的结构。酸性染料是锦纶染色的重要染料之一，其染色原理与酸性染料染蛋白质纤维相似。

锦纶与酸性染料的结合形式用反应式表示如下：

$$D—SO_3Na \longrightarrow D—SO_3^- + Na^+$$

$$H_2N—Nylon—COOH \xrightarrow{H^+} H_3N^+—Nylon—COOH$$

$$D—SO_3^- + H_3N^+—Nylon—COOH \longrightarrow D—SO_3^- H_3N^+—Nylon—COOH$$

由于锦纶上的氨基含量有限，染料和锦纶以离子键结合有一定限度，存在染色饱和值。

如果染色时 pH 过低（pH＜3），锦纶中的酰氨基也会结合氢离子，带正电荷，与染料阴离子结合，锦纶的吸色量剧增。但在这种情况下，锦纶易水解、损伤，而且吸附的这些染料结合并不牢固，随着染后水洗 pH 升高，和酰氨基结合的氢离子脱落，染料便解吸下来，倘若清洗不干净，就会直接影响染色牢度。所以，锦纶用酸性染料染色时，pH 应控制在 3 以上。

由于锦纶分子中氨基和羧基的含量比羊毛分子少，因此用强酸性浴染色的酸性染料染锦纶，仅靠离子键上染固着，染色饱和值低，很难染成深浓色，且湿处理牢度也不好。

而用弱酸性或中性浴染色的酸性染料染色时，氢键和范德华力也起着很重要的作用，中性盐则起促染作用，它们的染色饱和值往往超过按氨基含量计算的饱和值。所以，染锦纶常用弱酸性染料，借助氢键和范德华力提高染料的上染率。

综合考虑纤维的带电情况、染料对纤维的上染机理、染料的匀染性以及染料的上染百分率等因素，用弱酸性染料染锦纶时，pH 应为 3 ~6。

二、任务实施

（一）确定工艺与设备

1. 选择设备

锦纶织物染色有浸染和卷染两种，可选用卷染机、经轴染色机、喷射溢流染色机等。

2. 制订工艺

（1）染色工艺处方及工艺条件。

弱酸性染料	x
匀染剂	0. 25 ~1g/L
醋酸（98%）	0. 5 ~1. 5g/L
pH	4 ~6
浴比	1:（15 ~20）（溢流染色或绳状染色）
	1:（3 ~5）（卷染）
温度	100℃
时间	30 ~50min

（2）染色升温工艺曲线。染色升温工艺曲线如图 3 –3 所示。

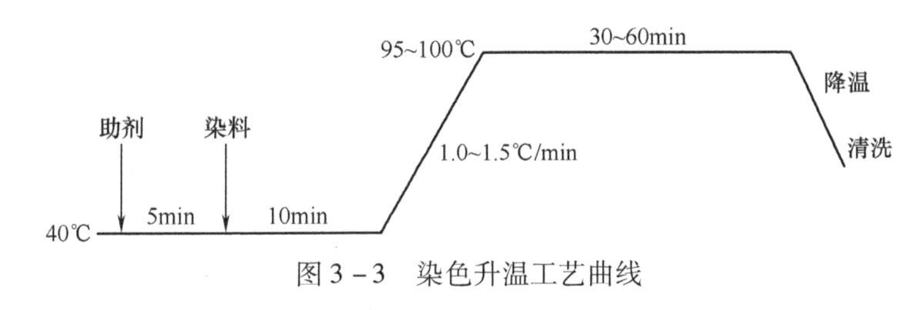

图 3 –3　染色升温工艺曲线

（3）固色后处理。锦纶采用酸性染料染色后，其皂洗牢度和汗渍牢度较差，一般中、深色产品均需做固色后处理。

常用的固色方法是用单宁酸—吐酒石处理，其固色原理是：由于单宁酸与锦纶有一定的亲和力，并可与吐酒石在纤维上反应，生成单宁酸锑沉淀，构成无色不溶性薄膜，对染料起保护作用，从而提高湿处理牢度。

经单宁酸—吐酒石或其他固色剂处理后的锦纶染色成品，耐皂洗沾色牢度可从 2～3 级提高到 4～5 级，对耐摩擦及耐日晒牢度影响不大。单宁酸—吐酒石处理过程较复杂，处理后色光有变化。近年来也有用法简便的固色剂出售，如固色剂 FAP、PNR、PA 等。

单宁酸—吐酒石固色参考工艺（owf）如下：

单宁酸　　1.5%～2%

醋酸　　1%～2%

吐酒石　　0.75%～1%

柔软剂（需手感柔软时加）　　0.3%～3%

浴比　　1∶(15～40)（视设备类型而定）

固色工艺曲线如图 3－4 所示。

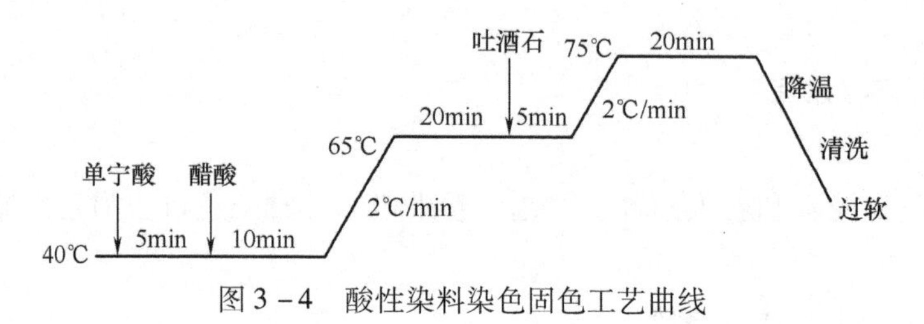

图 3－4　酸性染料染色固色工艺曲线

（二）操作步骤

1. 化料操作

因酸性染料易溶于水，一般只需用温水溶解，个别水溶性较差的可先用少量软水打浆，然后加热水搅匀。必要时，可用蒸汽沸煮，使染料充分溶解后过滤，方可加入染浴。

2. 染色操作

目前锦纶织物染色常用喷射溢流染色机。开机进布时可先用手动模式调控机台参数，进布的速度不能太快，进布完毕，让布在缸中慢慢运转 10min 左右，再将机台调为自动模式。

染色时要求技术人员和挡车工根据织物的组织规格（厚薄、幅宽、布重等）来调整机械设备工艺参数（如喷嘴大小、前后水流阀门大小、提布导布辊速度等），保证织物运行顺畅，防止织物在染色机内堵布而造成染花。

3. 水洗

染色结束后要充分水洗。先热水洗再冷水洗。

（三）注意事项

1. 染料的选择

锦纶的染色多采用弱酸性染料。选择染料时，还应综合考虑染料的匀染性、亲和力和湿处理牢度等性能。羊毛和蚕丝常用的弱酸性染料并不都适用于锦纶染色。现已有一些锦纶染色的专用染料，如弱酸性嫩黄 3G、红 GN、蓝 BR 及弱酸性嫩黄 RS、大红 EG、艳蓝 BB 等。

另外，由于锦纶末端氨基含量较少，其染色饱和值很低，当采用 2～3 只上染速率和亲和力相差较大的染料拼染时，往往会产生“竞染现象”，随着染色时间的延长，染色的深浅、色光不断发生变化，倘若其中某只染料的用量较高，接近或达到锦纶的染色平衡的话，甚至会发生亲和力大的染料，把已上染的亲和力小的染料取代下来，最终达不到拼色效果。因此，拼染时必须选用上染速率和亲和力相近的染料，即染料的配伍性相一致，否则就会对得色色光和深浅造成明显的影响，产生色差。

2. 工艺的控制

弱酸性染料上染锦纶的速度较快，而且移染性能差，容易染花，所以在控制温度、pH 和选择助剂等方面都应注意。

（1）控制始染温度及升温速度。锦纶 6 玻璃化温度为 45℃左右；锦纶 66 玻璃化温度为 50℃左右。所以始染温度一般采用 40℃。

当温度低于玻璃化温度时，染料上染很慢。随着温度的升高，纤维大分子链段开始运动，染料逐渐上染。升温至 60℃以上，染料上染迅速，这时应严格控制升温速度，一般为 1.0～1.5℃/min。必要时还可采取阶梯升温法，即在 65～85℃容易色花的温度范围内，升温到一定温度后，先保温一段时间，然后继续升温至沸再保温。

（2）控制染浴 pH。染浴的 pH 通过加入醋酸（弱酸性浴染色）、醋酸铵或硫酸铵（中性浴染色）来调节。可分次加入酸，以便匀染。染浅色的 pH 一般控制在 6～7，并提高匀染剂的用量，以加强匀染，避免染花。但 pH 也不能过高，否则色光会萎暗；染深色的 pH 为 4～6，并在沸染保温的过程中加入适量的醋酸降低 pH，促进染料上染。

（3）正确选择助剂。匀染剂常选用阴离子型的，如扩散剂 NNO、净洗剂 LS，也可用非离子型的，如平平加 O、渗透剂 JFC，或采用阴离子型和非离子型复配的方式。

3. 固色剂的应用

固色剂用量不宜过多，否则会影响织物的手感。

（四）酸性染料染锦纶常见疵病及预防措施

酸性染料染锦纶常见疵病及其预防措施详见表 3－5。

表 3－5 酸性染料染锦纶常见疵病及其预防措施

疵病名称	产生原因	预防措施
色花	1. 前处理不匀	1. 加强前处理质量管理
	2. 染料、助剂等溶解打浆不匀或加入太快	2. 采用正确的化料方法，染料、助剂应充分溶解好后加入，且遵循“先少后多”、“先慢后快”、“均匀加入”的原则
	3. 始染温度过高，升温速度过快或沸染保温时间不足，移染作用不够	3. 严格控制染色温度，严格按工艺规程操作
	4. 染浴 pH 偏低，上染速率过快	4. 控制适当的 pH 和加酸方法
	5. 拼色时染料配伍性不好，造成竞染	5. 应选用配伍性较好的染料，并控制好染料的用量
	6. 染色机转速太慢或染色中途停机造成	6. 提高染色机的循环速度，中途故障停机应及时处理及采取补救措施

续表

疵病名称	产生原因	预防措施
批差、匹差	1. 不同牌号、规格、批号的锦纶织物混染 2. 染色机不同管之间的布重量不一或织物长度不一 3. 加料不均匀造成	1. 坯布准备时，要按同一牌号、规格、批号进行分缸配布；更改坯布品种时，染色前应作小样对比试验，及时修正处方和工艺 2. 配布时应尽量使各管的布重或织物长短差别减少 3. 染化料应均匀加入
缸差	1. 不同机台或同一机台的不同批之间工艺条件控制不一，如温度、时间、浴比等没有严格控制 2. 染料、助剂的用量不准确	1. 应按工艺严格操作 2. 应精确计算并称量
大小样色差	1. 化验室对色不严 2. 打小样用水、染料与大样生产不一致 3. 大、小样工艺差异过大 4. 固色后影响色光	1. 小样对色务必严格、精确，特殊样需先要求客户确认 2. 打小样用水应与大样生产一致，并需每日对水质及其 pH 进行测试。小样应采用与大样同一产地、同一工厂、同一品名、同一批号的染化料 3. 放中样严格控制工艺，发现色差及时修正工艺后方能放大样 4. 小样固色后一定要调节色光，才能进行大生产的工艺制订
耐摩擦和耐洗牢度差	1. 染料选择不当 2. 染色时间不够，扩散不充分，表面浮色多 3. 后处理不当，浮色未洗净 4. 固色处理不当	1. 选择合适的染料 2. 严格按工艺规程操作 3. 应加强皂洗、水洗，充分洗净浮色 4. 选用合适的固色剂进行固色后处理

子任务 3　锦纶织物中性染料染色

一、知识准备

中性染料属于 1:2 型酸性含媒染料，染锦纶时与中性浴染色的酸性染料很相似。可染得深色，染料利用率高，且具有较好的湿处理牢度和耐日晒牢度。但匀染性差，色泽不够鲜艳，只适合染深蓝、咖啡色、黑色等深色品种。

二、任务实施

(一) 确定工艺与设备

1. 选择设备

锦纶织物染色可选用常温溢流染色机、喷射溢流染色机等。

2. 制订工艺

(1) 染色工艺处方(相对织物质量)及工艺条件。

中性染料	x
醋酸铵(80%)	1% ~2%
元明粉	5% ~10%
平平加 O	1% ~2%
pH	7 ~8
浴比	1:(15 ~25)(视设备类型及颜色深浅而定)
温度	100℃
时间	30 ~60min

(2) 染色升温工艺曲线。锦纶中性染料染色升温工艺曲线如图 3 –5 所示。

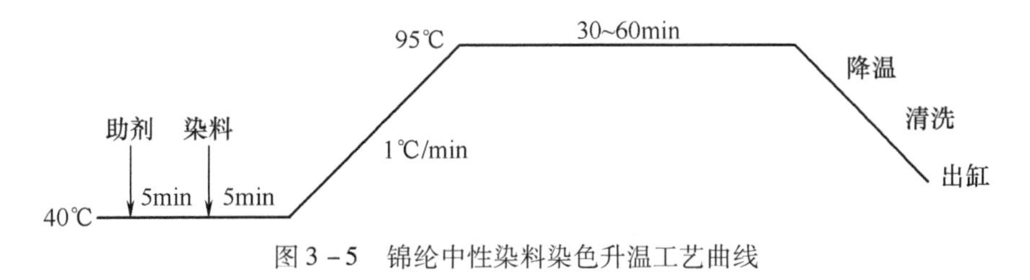

图 3 –5　锦纶中性染料染色升温工艺曲线

(二) 操作步骤及注意事项

1. 严格控制始染温度和升温速度

中性染料锦纶染色的上染速率和上染百分率较高，易产生染花。一般采用 30 ~40℃ 入染，以 1 ~2℃/min 升温速度升温至沸，继续沸染 30 ~60 min，然后水洗过软出机。

2. 严格控制染浴 pH

中性染料对锦纶的亲和力高，上染速率快，但移染性差，容易造成染色不匀。染浴的 pH 不宜太低，以接近中性为宜，染浅色时 pH 为 7.5 ~8，染深色时为 7 ~7.5。此外，锦纶 6 比锦纶 66 的吸色能力强，染液的 pH 要稍高一些，染浅色时染浴的 pH 不宜低于 8。

◎知识拓展：锦纶织物分散染料染色

锦纶织物可用分散染料染色。分散染料相对分子质量较小，扩散性能较好，染色方法简单、匀染性好、耐日晒牢度优良、覆盖性也较好，能避免锦纶因聚合时相对分子质量大小差异或纺丝时拉伸程度不同而造成的染色不匀(经柳、横档等)现象。但分散染料在锦纶上的染色饱和值低，难染得深色，而且浅色的染品耐皂洗牢度较好，深色的染品耐皂洗牢度较差，所以只适合于染浅淡色。

分散染料对锦纶的染色机理与染涤纶相似，但是锦纶分子结构不像涤纶那样紧密，它的吸湿性比较好，玻璃化温度较低（50～60℃），只需在常压沸点染色即能获得满意效果，染色方法简单。

高温高压溢流喷射染色机染色工艺举例如下。

染色工艺处方（owf）：

分散染料	x
扩散剂 NNO	1%～2%
醋酸（80%）	约1%（调节 pH 为5～6）
浴比	1:(10～15)
温度	100℃
时间	30～60min

工艺条件：40～50℃入染，约1℃/min升温到100℃，保温30～60min，水洗，出机。

分散染料染锦纶时，可以和弱酸性染料或中性染料拼混染色，以调整色光并增进匀染度，达到取长补短的目的。

分散染料需先用分散剂和少量水调匀成浆状，再加温水，使之完全分散后再过滤加入染浴中。

任务三　锦纶后整理

一、任务解析

锦纶织物具有柔和亮丽的光泽、柔软滑爽的手感等独特的风格，但也存在着悬垂性差、容易产生皱痕等缺点。为改善这些缺点，充分显示出锦纶织物的特有风格，必须进行后整理。

锦纶的后整理与其他织物相似，可进行一般整理，如进行热定形整理以得到良好的尺寸、形态稳定性；进行柔软整理、硬挺整理以得到要求的手感；进行轧光整理、磨毛整理等以得到良好的外观。

另外，还可根据织物风格的要求，进行一些特种整理，如拒水整理、防油污整理、抗静电整理、抗起毛起球整理、亲水性整理、抗菌防臭整理、防紫外线整理及涂层整理等等，以改善其服用性能，提高织物的使用价值和附加值。具体整理工艺参照涤纶织物的相关内容，这里不再详细介绍。

本任务着重于锦纶热定形整理。

二、任务实施

（一）确定工艺与设备

1. 选择设备

锦纶织物普遍采用干热定形，其设备为热风针铗链式热定形机（图 1－2），国产定形机型号为 M－751、M－751A 等。

2. 确定工艺

锦纶 6 的玻璃化温度为 35～60℃，软化点为 180℃；锦纶 66 的玻璃化温度为 40～60℃，软化点为 235℃。由于两者的耐热性能不同，热定形的工艺条件也不同，锦纶 6 的定形温度比锦纶 66 要低，具体工艺条件可参见表 3－6。

表 3－6 锦纶丝织物的热定形工艺条件

织物类型	定形温度（℃）	定形时间（s）
锦纶 6 长丝织物	160～180	20
锦纶 66 长丝织物	190～220	20～30
锦纶 6、锦纶 66 长丝织物	170～190	20
锦纶 6 增白织物	160～170	20

（二）定形操作

1. 定形准备

（1）认真阅读工作单的要求，定形前织物的相关资料，确定该单的生产条件及定形机参数调校。空机运行检查定形机运行是否正常。

（2）按要求车缝好布头待用，车缝布头要注意核对来布是否符合工作单，要剪齐、车直布头。

2. 开机操作

开定形机电源→开空机运行（不开风）→油炉点火（最高温度设定 240℃）→油炉升温（至 180℃时，定形机开热风运行）→开始生产（待定形机升至设定温度时）。

3. 关机

熄油炉火，定形机继续运行。待温度降至 100℃，停机关油炉关电源。

（三）定形注意事项

（1）使用衣车要小心，以防衣车针扎伤手指。

（2）穿布头时一定要先停机，确认压辘和人字辘都没有转动时，方可开始穿布头。

（3）机器运转，严禁用手或身体的其他部分接触转动的“罗拉”，严禁把手或身体的其他部分伸入定形机的烘箱内。

（4）清理机器要先停机并降温至室温后，方能进行烘箱内清理。

（5）机器动转时补漏针，要小心手指被钢针扎伤。

（6）严禁用湿手或导电体乱摸箱内的一切设施，以防触电。

思考与练习

一、填写题

1. 锦纶是________纤维的中国商品名称，国外名称有________、________等。

2. 锦纶是由己内酰胺聚合而成的，由于制成该纤维的基本链节所含碳原子数目不同，而有不同品种。纺织工业中最常用的是锦纶________和锦纶________。

3. 锦纶织物预定形选用________定形机。

4. 锦纶织物精练用剂常用________或________，对沾污严重的可加入少量________、________。

5. 锦纶染色可以使用的染料类别很多，几乎所有的染料都能应用。在实际生产中，锦纶染色常用________染料，可染中深色，必要时适当拼入________染料或________染料。淡色也可用________染料染色。某些特别深浓的品种如黑色等，可以用________染料染色。其他如活性染料、直接染料等品种，也可作为补充色谱或调节色光之用。

6. 按照应用性能的不同，酸性染料可分为________、________和________三类。锦纶的染色常采用________染料、________染料染色。

7. 弱酸性染料染锦纶，一般用________来调节 pH，加入酸起________作用；中性染料染锦纶，一般用________来调节 pH，加入元明粉起________作用。

二、选择题（有一个或多个正确答案）

1. 下列纤维中耐磨性、强度最高的是（　　）。

A. 棉　　B. 羊毛　　C. 涤纶　　D. 锦纶

2. 锦纶前处理的任务主要是去除（　　）。

A. 棉籽壳　　B. 果胶质、蜡状物质　　C. 油污杂质　　D. 天然色素

3. 弱酸性染料与锦纶的结合形式有（　　）。

A. 共价键　　B. 离子键　　C. 氢键　　D. 范德华力

4. 分散染料染锦纶的染色方法用（　　）。

A. 载体法　　B. 高温高压法　　C. 热熔法　　D. 常压沸煮法

5. 锦纶用酸性染料拼染时会产生“竞染”现象，其原因是（　　）。

A. 染料亲和力大　　B. 染液 pH 低

C. 大分子末端氨基多　　D. 大分子末端氨基少

6. 锦纶适合用下列（　　）染料染色。

A. 酸性染料　　B. 硫化染料　　C. 硫化还原染料　　D. 阳离子染料

7. 酸性染料染锦纶时，加入醋酸的目的是（　　）。

A. 促染　　B. 缓染　　C. 渗透　　D. 匀染

8. 中性染料染锦纶时，加入元明粉的目的是（　　）。

A. 促染　　B. 缓染　　C. 渗透　　D. 匀染

三、简答题

1. 锦纶的制造工艺对其染色性能有何影响？

2. 锦纶酸性染料染色时选择染料应注意什么？

3. 用弱酸性染料染锦纶时，pH 应控制为多少？如何调节？

四、请根据染色过程的描述，画出染色升温过程曲线

有一家印染厂用弱酸性染料染锦纶，其染色操作过程如下：

在 40℃先加入助剂，运行 5min 后加入溶解好的染料，再运行 10min，然后以 1℃/min 的速度升温至 100℃，保温 60min。染色结束后以 1.8℃/min 降温至 80℃水洗。

五、综合题

1. 试设计一个锦纶弱酸性染料染色工艺（包括工艺流程、工艺处方、工艺条件）。

2. 某印染厂对一批锦纶织物进行酸性染料染色，经检测，发现织物色花严重，试分析色花可能产生的原因并提出预防措施。

项目四　涤棉混纺织物染整

✲学习目标

●知识目标

（1）能说出涤棉混纺织物染整各工序工艺流程；

（2）能描述涤棉混纺织物染整各工序加工方法及特点；

（3）能记住涤棉混纺织物染整加工主要工艺参数。

●技能目标

（1）会制订涤棉混纺织物前处理、染色及整理一般工艺；

（2）会根据工艺处方配制工作液；

（3）会用小样染色设备实施涤棉混纺织物染色工艺；

（4）会使用浓硫酸对涤棉混纺织物烂花。

✲项目描述

印染厂接到涤棉混纺织物进行染整加工的生产订单，必须先弄清楚客户对产品质量的要求，分析涤棉混纺织物染整加工难点和注意事项，制订合理的生产流程，确定科学的生产工艺，合理安排生产。在生产过程中，认真落实操作规程，注意对质量监控，发现问题及时采取应对措施，保证按质按量完成生产任务。

✲相关知识

1. 涤棉混纺织物性能

涤棉混纺织物兼有涤纶和棉两种纤维的优点。棉纤维具有良好的吸湿性、透气性和抗静电性能，穿着舒适，但抗皱性差，容易缩水。而涤纶具有断裂强度大、抗皱性能好、不易缩水、穿着挺括、洗后易干等优点，但却存在吸湿性和透气性差，易产生静电，易沾污等服用性能差的缺点。将涤纶和棉按一定比例混纺或交织，既能保持涤纶的优点，又可改善穿着不舒适的缺点，使涤棉混纺织物具有耐穿、耐用、挺括、免烫、易干、穿着舒适的特点。

2. 涤棉混纺织物中涤棉比例

涤纶和棉的混纺比例，通常采用的是65∶35，简写为T/C 65/35。而当棉成分占50%或以上时，这类混纺织物称为棉涤混纺织物（简称CVC），如棉与涤的比例为80∶20，则称为CVC 80/20。CVC提高了产品的吸湿性、耐热性和抗静电性，但抗皱性和免烫性比涤棉混纺织物差得多。

3. 涤棉混纺织物染整工艺特点

由于涤纶是合成纤维，属疏水性纤维；棉纤维是天然纤维，是亲水性纤维，两种纤维的物理性能和化学性能相差很大。因此，涤棉混纺织物的染整在制订工艺时要兼顾两种纤维的性能，且不同的混纺比例应有不同的工艺。

任务一　涤棉混纺织物前处理

✲任务解析

涤纶比较洁净，所含杂质较棉纤维少得多，而棉纤维含杂较多，涤棉混纺织物的前处理主要是针对棉纤维进行处理，前处理工艺与纯棉织物基本相同。但由于涤纶耐碱性较棉差，特别是在高温碱性条件下，容易发生水解，而棉纤维又大多是在碱性条件下进行处理。所以，涤棉混纺织物的前处理应比纯棉织物条件温和些。

涤棉混纺织物前处理应注意兼顾两种纤维的含杂情况、化学性能和混纺或交织比例，以获得满意的去杂效果，同时又不损伤任何一种纤维。

按加工工序，涤棉混纺机织物一般前处理工艺流程为：

烧毛→退浆→煮练（精练）→漂白→丝光→预热定形

子任务1　涤棉混纺织物烧毛

一、知识准备

（一）烧毛目的

涤棉混纺织物烧毛的目的是去除织物表面的茸毛使织物光洁美观，同时还能改善织物起毛起球现象，而且对提高织物的弹性和悬垂性也有帮助。

（二）烧毛特点

涤棉混纺织物在烧毛过程中烧去了棉纤维上的茸毛，涤纶的茸毛除一部分被烧掉外，其他部分受热收缩，涤纶的某些长茸毛收缩成球状物，浮于织物表面，在高温染色时，被某些分散染料染成带色点的疵布。因此，有时将烧毛工序安排在高温染色之后进行。

涤棉混纺织物经烧毛后，只有不同程度的起毛，而较少起球。烧毛条件越剧烈，起毛现象越轻微，但手感也就越硬，织物门幅收缩也越剧烈。

二、任务实施

（一）确定设备及工艺

1. 选择设备

涤/棉织物烧毛采用气体烧毛机，不宜使用接触式烧毛机。因涤纶易熔融和燃烧，产生黑色胶状斑点。

气体烧毛机主要由烧毛火口、冷却滚筒组成。

（1）烧毛火口是烧毛机的主要部件，织物烧毛的效果很大程度取决于它。气体烧毛机的热源主要有煤气、石油气和汽油气三种。火口位置可以任意调节，以便适应各种不同织物。火焰幅度和火口与冷却滚筒之间的距离均能调节。

（2）为防止涤棉混纺织物在高温烧毛时手感变硬、布幅收缩过大、强力下降、静电积聚，烧毛时织物的布身温度必须低于180℃。在火口上方安装冷却滚筒是降低布身温度的有效措施，也可以在火口后面安装吹风装置。

在出布装置前安装三只冷却滚筒，使织物冷却。

2. 制订工艺

烧毛工艺条件主要是指火焰温度、烧毛车速、烧毛次数等。涤棉混纺织物烧毛工艺条件见表4－1。

表4－1　涤棉混纺织物烧毛工艺条件

<table>
<tr><th colspan="2">工艺</th><th>参数</th></tr>
<tr><td colspan="2">火焰温度（℃）</td><td>800左右</td></tr>
<tr><td rowspan="3">烧毛车速（m/min）</td><td>稀薄织物</td><td>120～140</td></tr>
<tr><td>一般织物</td><td>90～120</td></tr>
<tr><td>厚重织物</td><td>70～90</td></tr>
<tr><td rowspan="3">烧毛次数</td><td>一般混纺织物</td><td>二正二反</td></tr>
<tr><td>稀薄织物</td><td rowspan="2">一正一反</td></tr>
<tr><td>提花织物</td></tr>
<tr><td colspan="2">布面与火口距离（cm）</td><td>2～3</td></tr>
</table>

（二）操作步骤

（1）按烧毛次数要求准确穿布。

（2）检查整车，特别是火口和气源。

（3）启动烧毛机，点火，观察火焰燃烧情况；调整可燃气体与空气混合比，调整火口和布面的距离。

（4）按规定车速运行烧毛。

（5）烧毛毕，熄火，停车。

（三）注意事项

（1）涤/棉织物在烧毛前要保持平整、无油污。否则会造成烧毛不净或油污在高温时进入涤纶内部而造成染疵。

（2）烧毛时要注意火焰温度。低温慢速会导致布面烧焦。温度太高会造成烧毛过度、手感发硬、门幅收缩过多。

（3）烧毛后落布温度应低于50℃，以防止织物产生折痕。

（4）经常检查出布质量，主要是织物烧毛效果，烧毛后布面要求达到3～4级质量。也要注意是否有烧毛不匀、破洞等疵病。

（5）机器点火时，要先引火再开煤气，停车时，先关火焰，再停车。

子任务 2　涤棉混纺织物退浆

一、知识准备

（一）退浆目的

涤棉混纺织物织造时，经纱需要上浆。目前我国主要采用 PVA（聚乙烯醇）和淀粉的混合浆，两者比例不等，且常以 PVA 为主，上浆率控制在 12% 左右。

涤棉混纺织物退浆十分重要。因为退浆不净，将影响练漂、丝光、染色和整理的质量。要求退浆率在 80% 以上，布上残浆必须控制在 1%（对布重）以下。

（二）退浆方法

涤棉混纺织物退浆方法应根据织物浆料的成分、比例选择合适的退浆方法。常采用碱退浆法、氧化剂退浆法。

（三）退浆特点

1. 碱退浆法的特点

热碱能使 PVA 和其他浆料剧烈溶胀、软化，使浆料与纤维的黏着变松，再通过有效水洗就可获得较好的退浆效果。由于热碱有助于棉籽壳的去除，也能去除纤维素共生物（如果胶、含氮物质及色素等），所以退浆后织物白度和渗透效率均较好。

2. 氧化剂退浆法的特点

氧化剂退浆法能使 PVA 大分子发生氧化降解，相对分子质量降低，溶解度增加，水洗时 PVA 容易从布上去除。此外，氧化剂还可以使淀粉等浆料氧化降解，所以对去除其他浆料也是有效的。其缺点是条件控制不当时，会使棉纤维脆损。

二、任务实施

（一）确定设备及工艺

1. 选择设备

一般用烧毛机的灭火槽或连续退浆机。

2. 制订工艺

（1）碱退浆法。

织物浸轧退浆液（烧碱 5 ~ 10g/L，退浆剂 1 ~ 2g/L，温度 80℃）→堆置或汽蒸（30 ~ 60min）→热水洗（80 ~ 85℃）→冷水洗

（2）氧化剂退浆法。

浸轧过氧化氢退浆液（双氧水 2 ~ 3 g/L，烧碱 8g/L，润湿剂 4g/L）→汽蒸（10 ~ 20min）→热水洗→冷水洗

（二）操作过程

（1）按工艺处方配制退浆液。

（2）烧毛后将织物引入浸渍槽，出机后打卷堆置或进入蒸箱平幅汽蒸。

（3）先热水洗，再冷水洗。

（三）注意事项

热水冲洗时，水量要充分，以免脱落后的浆料又重新吸附到织物上，影响染色，退浆率要求达到80%。

◎知识拓展：生物酶退浆

凡是涤棉混纺织物上的浆料中，淀粉成分大于PVA时，可采用生物酶退浆。退浆的机理是：一般情况，淀粉酶可以从PVA的孔隙中进入淀粉，当淀粉水解后，外层的PVA破裂变形而从织物上脱落。

涤棉混纺织物采用BF—7658酶退浆时退浆液组成：

BF—7658酶（2000倍）	1～2g/L
NaCl	1～2g/L
非离子型表面活性剂	1g/L

退浆液温度保持在50～60℃，浸轧后堆置30～60min，在90～95℃汽蒸或热水浴浸渍，然后充分水洗。

子任务3　涤棉混纺织物煮练

一、知识准备

（一）煮练目的

涤棉混纺织物的煮练主要是针对棉纤维部分而言，通过煮练可以去除棉纤维中的天然杂质以及涤纶上的油剂和残存的浆料，从而提高织物的毛细管效应和白度，减轻漂白的负担。

（二）煮练特点

涤棉混纺织物煮练主要采用碱剂和表面活性剂。碱剂最常用的是烧碱，但它对涤纶有一定的损伤作用，因此要严格控制烧碱的用量和反应温度，使棉纤维获得较好的煮练效果的同时，使涤纶的损伤限制在最低点。

二、任务实施

（一）确定设备及工艺

1. 选择设备

煮练设备以平幅汽蒸设备为主，绳状煮练容易造成折皱，一般不用，但也有少数工厂用绳状煮练处理印花用中薄型坯布。

2. 制订工艺

煮练液工艺处方如表4-2所示。

表 4-2　煮练液工艺处方

工艺处方				工艺流程
助剂	烧碱（g/L）	精练剂（g/L）	防氧化剂（g/L）	
处方 1	8～10	2～5	—	浸轧→汽蒸→水洗
处方 2	12～15	5～10	—	浸轧→堆置→水洗
处方 3	15～20	10～15	1～3	浸轧→汽蒸→水洗

（二）操作步骤

（1）按工艺处方配制煮练液。烧碱有固态和液态两种，固态碱应先溶解后再加入。

（2）将织物浸轧碱液，轧液率为 70%。

（3）汽蒸或堆置。汽蒸温度为 90～100℃，时间为 60min；或堆置温度为 70～75℃，时间 60～90min。

（4）充分水洗。先热水洗，再冷水洗。

（三）注意事项

（1）精练剂。精练剂具有润湿、乳化、净洗等作用。在碱煮练中十分重要。

（2）防氧化剂。防氧化剂 Lufibrol KB 有两个作用：一是辅助碱煮练，加快反应速率，提高织物的润湿性，但去除浆料的效果不显著；二是减少棉纤维在高温长时间处理中受到损伤。

（3）烧碱的用量。一般在涤棉混纺织物煮练液中，在无保护助剂如防氧化剂 Lufibrol KB 保护的条件下，烧碱浓度用量不超过 10g/L（95～100℃）或15g/L（60～70℃）。

子任务 4　涤棉混纺织物漂白

一、知识准备

（一）漂白目的

涤棉混纺织物漂白主要是为了去除棉纤维中的天然色素及残留的天然杂质。

（二）漂白特点

涤棉混纺织物的前处理目前并存两种流程：一是煮练与漂白两个工序像传统的棉布前处理一样分开进行。另一种是煮练与漂白混在一起进行，适合这种混合工艺的反应剂主要是过氧化氢。

二、任务实施

（一）确定设备及工艺

1. 选择设备

采用过氧化氢连续练漂的方法主要有两种：一种是常压高温汽蒸法，采用平幅状态的汽蒸设备生产；另一种是高温高压汽蒸法，采用特殊高温高压设备进行生产。

2. 制订工艺

（1）常压高温汽蒸法。

工艺处方：

双氧水（100%）	5～7g/L
硅酸钠（相对密度1.4）	7～10g/L
渗透精练剂	1～2g/L
螯合分散剂	0.5～1g/L
烧碱	（pH调节到10.5～11）适量

工艺条件：

温度	100～102℃
时间	40～90min

对漂白织物应在热定形前后各漂一次，并结合聚酯纤维与棉纤维的增白特点，棉增白宜放在第二次漂白（棉用荧光增白剂约为1 g/L）时同浴进行。

（2）高温高压汽蒸法。

工艺处方：

双氧水（100%）	3.5～3.7g/L
硅酸钠（相对密度1.4）	10～15g/L
氧漂稳定剂	1～4g/L
渗透精练剂	2～3g/L
螯合分散剂	0.5～1g/L
烧碱	3～5g/L

工艺条件：

温度	130～142℃
压力	0.2～0.3MPa
时间	30～120s

（二）操作步骤

（1）按工艺处方配制漂白液。双氧水应和烧碱分开配制后加入。

（2）常压高温汽蒸法先将织物放入漂白设备中浸轧再汽蒸。高温高压汽蒸法则将织物放入高温设备中浸渍漂白。

（3）充分水洗。先热水洗再冷水洗。

（三）注意事项

（1）生产过氧化氢漂白品种时，织物先经轻度碱剂煮练，然后再进行过氧化氢两次练漂，后一次练漂的过氧化氢浓度可适当降低，并且在工作液中加入棉用荧光增白剂1g/L左右，以增加白度。

（2）为了缩短工序，便于生产，退浆、煮练、漂白可合并进行。

◎知识拓展：退、煮、漂三合一工艺

涤棉混纺织物退、煮、漂三合一工艺如下：

双氧水（100%）	7～14g/L
硅酸钠（35%）	20～30g/L
氧漂稳定剂	0.5～2g/L
渗透精练剂	4～10g/L
螯合分散剂	1～2g/L
氢氧化钠	10～15g/L

涤棉（65/35）混纺织物在30℃时浸轧以上工作液，轧液率为80%～90%（补充液为上述配制浓度的5～8倍），然后在304kPa（3个大气压）和142℃高温条件下汽蒸60s，再冲淋平洗。

子任务5　涤棉混纺织物丝光

一、知识准备

（一）丝光目的

涤棉混纺织物的丝光是针对其中的棉纤维组分而进行的。通过丝光可以提高棉纤维对染料的吸附能力和化学反应性能，增进布面光泽，使布面平整，丝光对棉纤维还有定形作用。

（二）丝光特点

涤棉混纺织物的丝光工艺基本可参照棉织物的丝光。在丝光过程中，涤纶的表面受热碱液的腐蚀，部分剥落，造成纤维一定程度的损伤。实践证明，只要严格控制丝光用碱量，并使冲碱和去碱箱的温度不超过80℃，对织物的强力和耐磨性能影响不大。

二、实施任务

（一）确定设备及工艺

1. 选择设备

涤棉混纺织物丝光设备仍以布铗丝光机（图4-1）为主。因为它对织物的经纬向张力容易控制，成品的幅宽均匀一致。

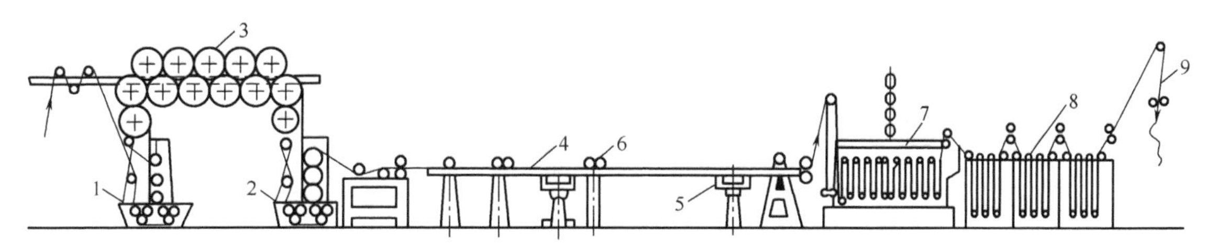

图4-1　布铗丝光机

1，2—浸轧槽　3—绷布滚筒　4—布铗扩幅装置　5—吸碱装置
6—冲洗管　7—去碱蒸箱　8—平洗槽　9—落布装置

2. 制订工艺

丝光工艺的基本条件包括烧碱的浓度、温度、作用时间、张力和去碱五个方面。其中碱液浓度是丝光最主要的条件。

浸轧槽烧碱浓度为240~260g/L，多浸一轧，带碱作用时间为50s。

冲碱和去碱温度不能超过80℃，去碱箱中直接蒸汽管要关闭，否则会引起涤纶水解而影响织物强度。丝光后织物上带碱量应尽量少，布面的pH应控制在7左右，以免热定形时造成对纤维的损伤。丝光时扩幅应尽可能大，如落布门幅过窄，会给热定形处理带来困难。

（二）操作步骤

1. 开机前的准备

（1）检查并调节好轧辊的压力、蒸汽压力，使其符合丝光机工艺要求。

（2）按工艺要求配碱、配酸，并作现场测试。

（3）根据织物的规格调节好链条的宽距，检查链条是否正常。

（4）按规定路线穿好导布。

2. 开机运行

（1）挡车工按信号按钮，通知进布工、落布工等岗位人员，得到回铃后正式开机。

（2）开始以最低速度运行，按工艺调节好各工艺参数后，以正常速度运行。

（3）运行过程中要不断巡视全机，检查各控制点温度、浓度及pH。

3. 关机

（1）加工完成，将车速调到最小，接上导布，各轧辊卸压，关闭所有进水阀、蒸汽阀，排放水洗箱冲淋槽中的水。

（2）关闭主控屏电源开关，关闭冷凝器、循环泵和冷却开关。

（3）做好机台及地面清洁工作。

（三）注意事项

1. 安全注意事项

（1）配碱和遇到必须接触烧碱的情况，务必使用橡胶手套并配戴眼罩。

（2）设备运转过程中切勿使身体接触机器，以确保安全。穿布或做清洁工作时，必须停机后进行。

2. 生产注意事项

（1）涤棉混纺织物的丝光工序一般安排在练漂后进行，可以获得较好的丝光效果并消除皱痕。

（2）换碱、换品种（白布和色布）时必须接导布停机，不能把织物停在机内。

（3）丝光前织物的干湿程度必须均匀一致，否则丝光效果不一，将使后道染色工序产生染色不匀现象。

子任务6　涤棉混纺织物热定形

一、知识准备

（一）热定形目的

涤棉混纺织物定形是为了消除织物中积存的应力和应变，使纤维能够处于适当的自然排列状态，以便减少织物的变形因素。织物中积存的应变是造成织物起皱和收缩的主要原因。

（二）热定形特点

涤棉混纺织物的热定形主要针对涤纶，其工艺条件基本上可参照涤纶织物的热定形。但由于棉纤维的存在，其工艺条件还是要作适当改变。因为涤纶是热塑性纤维，当含涤纶的织物进行湿热加工时，会产生收缩变形和折皱痕，通过热定形工序可以预防上述疵病，并且对织物的光泽、手感、强力、抗起毛起球等性能都有一定程度的改善。热定形温度要严格控制，否则将影响织物的染色性能、热稳定性和表面平整性。

二、任务实施

（一）确定设备及工艺

1. 设备选择

涤棉混纺织物一般采用干热定形工艺，热定形设备以热风针铗链热定形机（图4－2）应用最广泛，它由进布装置、超喂装置、针铗链、扩幅装置、热风房、出布冷却装置等组成。

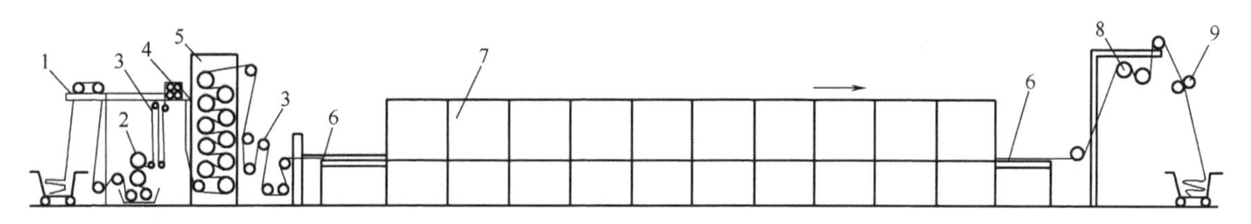

图4－2　热风针铗链热定形机示意图

1—进布装置　2—双辊浸轧机　3—松紧架　4—四辊整纬装置　5—辊筒烘干机
6—针铗链　7—热风烘箱　8—冷却辊　9—摆布辊

2. 工艺制订

涤棉混纺织物是具有自然回潮率的，所以必须在2%～4%的超喂条件下进入针铗定形机。而且必须通过控制针铗链间距来调节织物幅宽，一般情况下，在定形机上拉幅的幅宽要比成品大2～3cm。定形温度控制在180～210℃，时间在15～60s。温度与时间成反比关系，即温度高，定形时间可以缩短。

（二）操作过程

1. 定形前车操作规程

（1）将所要生产的布与导布缝在一起，缝头要做到平直。

（2）保持进布松紧适宜、不跑边，避免过紧或过松。

（3）注意检查布面是否有油污、正反面有无接错、漏缝布头、烂边等情况。

2. 定形中车操作规程

（1）按照工艺单要求，严格设定工艺参数（门幅、超喂、温度、车速、风量等）。

（2）与前车沟通，确认准备工作完成情况并开机。打铃通知后车接布落布。

（3）根据后车反馈的下机参数（门幅、克重、循环、纹路），调整相应的定形工艺参数。

（4）在生产过程中要时刻与后车和前车保持联系，防止出现掉边或停机等问题，影响布面质量和物理指标。

3. 定形后车操作规程

（1）将空车内的垃圾清理干净，听到中车的开机铃声后做好接布准备。

（2）用导绳将布从定形机尾部通过落布架接到布车内。

（3）测量下机成品的门幅，量左中右纬斜，如果没有达到工艺要求，马上反馈到中车调整定形参数。要求拉幅时的门幅要比成品宽出1～2cm，以防止织物冷却后收缩。

（4）在物理指标达到工艺要求之后，检查布面是否存在疵点。如果发现布面疵点应立即反馈到前车和中车并协同查明原因。

（三）注意事项

（1）由于热定形温度对定形效果和涤纶的染色性能都有影响，因此定形时应使织物得到均匀加热，织物两侧温度差不应超过1～2℃，否则会造成色差。

（2）织物加热定形后必须迅速冷却以固定形态，通常要求织物温度降至50℃以下，不然织物落入布车后，不仅会收缩而且还会产生折痕。

◎知识拓展：涤棉混纺织物增白

涤棉混纺织物增白时分别使用适合于涤纶和棉的增白剂。为了节省工序，涤纶组分的增白通常安排在热定形机的浸轧槽中加入涤纶增白剂。

涤纶的增白剂常用品种为荧光增白剂DT（15～30 g/L），先浸轧增白液，然后利用热定形的高温发色。

棉纤维常用的增白剂有荧光增白剂VBL（1.5～2.5 g/L），常与双氧水漂白同浴进行。

任务二　涤棉混纺织物染色

✲任务解析

涤棉混纺织物的染色需要兼顾两种纤维。因涤纶和棉纤维的染色性能相差很大，往往需要不同的染料染色。涤纶用分散染料染色，棉纤维则可用直接染料、活性染料、还原染料、硫化染料等染色。

两种染料染色，可得到单色或双色效果，但应注意它们的相容性。凡是相容性好的不同类型染料可以采用一浴一步法染色或一浴二步法染色；相容性差的不同类型染料只能采用二浴法染色。具体应根据色泽要求、设备情况、染化料情况等因素从中选择。

✲相关知识

涤棉混纺织物也可用一种染料染两种纤维，如聚酯士林染料、可溶性还原染料、活性分散染料等，但染色效果不理想，实际生产应用不多。

涤棉混纺织物的几种主要染料染色应用情况见表4-3。

表4-3　涤棉混纺织物的几种主要染料染色应用情况

染料		分散	可溶性还原	分散/直接	分散/活性	分散/还原	分散/可溶性还原	分散/硫化
颜色深度	深色				√	√		√
	中色			√	√	√	√	
	浅色		√	√	√		√	
	极浅色	√						
染色牢度	极佳		√			√	√	
	较好	√	√		√	√	√	√
	中等			√				
用途	衣服料				√	√	√	√
	内衣			√	√		√	
	衬衫	√	√		√		√	
	军服					√	√	
	家纺布			√	√	√	√	

子任务1　涤棉混纺织物浸染

一、知识准备

（一）涤棉混纺织物浸染方法

涤棉混纺针织物或稀薄机织物，均可采用浸染的方法。

浸染主要有一浴一步法、一浴二步法、二浴法等染色方法。一浴一步法主要有分散/直接染料一浴一步法、分散/活性染料一浴一步法；一浴二步法主要有分散/活性染料一浴二步法；二浴法主要有分散/活性染料二浴法、分散/还原染料二浴法、分散/硫化染料二浴法等。

（二）涤棉混纺织物浸染的特点

涤棉混纺针织物一浴一步法染色工艺与二浴法相比，具有染色时间短、操作简便、能耗少、成本低、劳动生产率高等优点。但一浴一步法对染料的要求较高。

二、任务实施

（一）选择设备

涤棉混纺织物浸染是属于间歇式染色。对于一浴法染色，则染涤纶、染棉均在高温高压染色机中进行。而对于二浴法染色，染涤纶可在高温高压染色机中进行，而棉的染色既可继续在高温高压染色机内进行，也可以把织物转到常温常压染色机染色。如果高温高压染色机充足，一般均会在同一台染色机染涤纶和棉，以节省操作时间。而有些染色车间高温高压染色机较为紧张，常温常压染色机较为充足，染涤和染棉可安排在不同染色机进行。

（二）确定染色工艺

1. 涤棉混纺织物一浴一步法浸染

（1）分散/活性染料碱性一浴一步染色。大部分 K 型、KN 型、KD 型、M 型活性染料耐高温，可与分散染料在弱碱性浴中同浴染色。

①工艺流程。

分散/活性染料同浴染色→水洗→皂洗→水洗

②染色工艺处方及工艺条件。

分散染料	x
活性染料	y
扩散剂 NNO	0.5～1g/L
元明粉	20～50g/L
纯碱	1～4g/L（调节 pH 为 9～9.5）
浴比	1:（12～15）（视设备类型及颜色深浅而定）
温度	130℃
时间	25～45min

③染色升温工艺曲线。染色升温工艺曲线如图 4－3 所示。

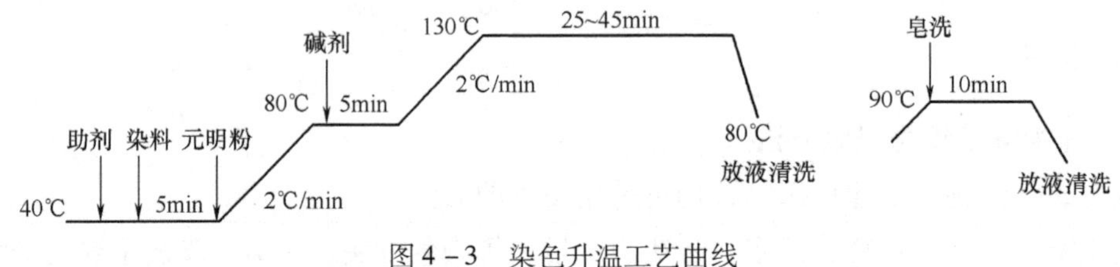

图 4－3　染色升温工艺曲线

④注意事项。

（a）涤棉混纺针织物常采用分散/活性染料的一浴一步法浸染，适用于中、浅色，深色则因牢度不理想而不宜采用。

（b）必须选择耐碱性能良好的分散染料，否则会被碱剂破坏，影响上染率及色光。

（c）活性染料和分散染料分开化料，分别加入。

（d）染后不作还原清洗，只作皂煮，以洗去浮色。

（2）分散/R 型活性染料中性一浴一步染色。R 型活性染料即中性固着活性染料，国产称 R 型，日本化药公司称之为 Kayaeeion React CN 型活性染料，可在分散染料上染涤纶的中性介质及高温条件下完成固色，在纤维上的固色率高，水解性小，非常适合于涤棉混纺织物的一浴一步法染色。

①工艺流程。

分散/活性染料同浴染色→水洗→皂洗→水洗

②染色工艺处方及工艺条件。

分散染料	x
活性染料	y
扩散剂 NNO	0.5～1g/L
元明粉	20～40g/L
pH 调节剂	0.5～1g/L（调节 pH 为 6.5～9.5）
浴比	1:（12～15）（视设备类型及颜色深浅而定）
温度	130℃
时间	25～45min

③皂洗工艺。

皂洗剂	0.5 g/L
螯合分散剂	0～1g/L
温度	90℃
时间	10 min

④染色升温工艺曲线。染色升温工艺曲线如图 4－4 所示。

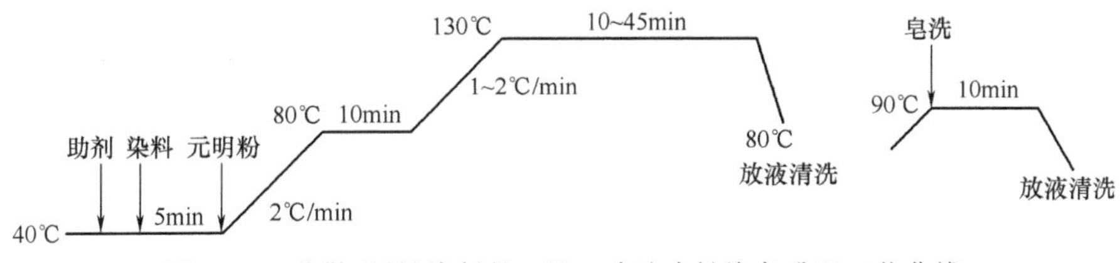

图 4－4　分散/活性染料的一浴一步法中性染色升温工艺曲线

⑤注意事项。

（a）分散染料与活性染料分开化料。分散染料化料宜用温水（40～45℃），温度不能太高，否则染料的分散体系不稳定，易使分散染料聚集而结块。而 R 型活性染料则宜用 80℃左右的热水化料并要过滤。

（b）考虑到生产成本及色牢度问题，仍以中浅色为主。浅色可在 100～130℃范围内进行染色，但保温时间与染色温度呈反比。

（c）染后不作还原清洗，但必须皂煮，以洗去浮色。浮色未能充分去除，其实也是造成缸差的一个主要原因，而且浮色会导致烘干时染料发生泳移，而产生色斑、色花等病疵。

（3）分散/直接染料一浴一步染色。直接染料一般选择与分散染料混溶性好、高温下结构稳定、不降解的直接混纺 D 型染料，染色后进行固色处理，以提高湿处理牢度。

①染色工艺处方及工艺条件。

分散染料	x
活性染料	y
分散剂	0.5～1g/L
元明粉	0～10g/L
醋酸（98%）	0.3～1.5 g/L
浴比	1:(12～15)（视设备类型及颜色深浅而定）
温度	130℃
时间	30～45min

②染色升温工艺曲线。染色升温工艺曲线如图 4－5 所示。

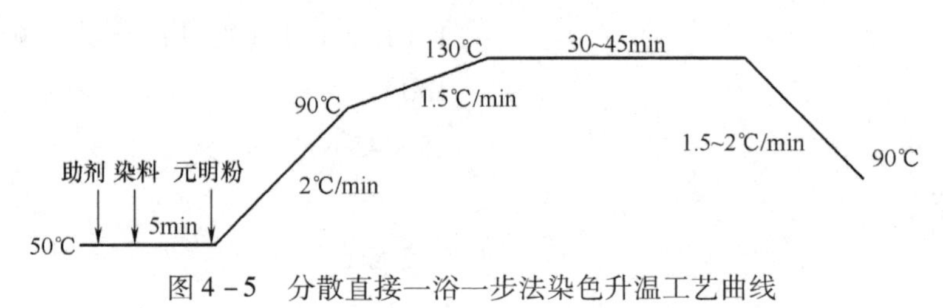

图 4－5　分散直接一浴一步法染色升温工艺曲线

③注意事项。分散染料、直接染料分开化料。染色后冷水洗，然后进行固色处理。固色时加入醋酸及固色剂，在 50℃ 固色 15min。

2. 涤棉混纺织物一浴二步法浸染

涤棉混纺织物分散/活性染料一浴二步法染色时，分散和活性染料在弱酸性条件下，于染色初期同时加入染浴，在升温过程中，活性染料和分散染料分别上染棉纤维和涤纶，然后降温，加碱使活性染料固色。

大部分 K 型、KD 型、KE 型、M 型活性染料均可用于此方法。

①染色工艺处方及工艺条件。

分散染料	x
KE 型活性染料	y
分散剂	0.5～1g/L
食盐	30～70g/L
醋酸（98%）	0.3～1.5 g/L
纯碱（固色时加入）	20g/L
浴比	1:(20～30)（视设备类型及颜色深浅而定）
温度	130℃
时间	30～45min

②染色升温工艺曲线。染色升温工艺曲线如图 4－6 所示。

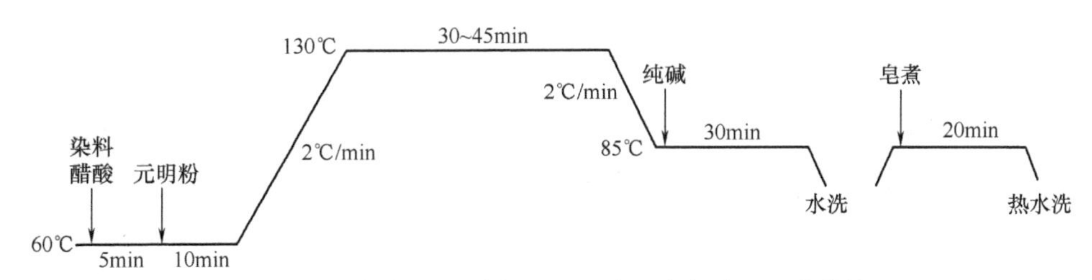

图 4-6　分散/活性染料一浴二步法染色升温工艺曲线

3. 涤棉混纺织物二浴法浸染

涤棉混纺织物二浴法浸染一般先用分散染料高温高压染涤纶，再用活性染料或还原染料染棉。二浴法浸染工艺流程长，但色光易于控制。

（1）分散/活性染料二浴法染色。

①工艺流程。

分散染料染涤纶→还原清洗→水洗→活性染料套染棉→水洗→皂洗→水洗

②染色工艺。染色工艺与单独的分散染料染涤纶、活性染料染棉相同。

③注意事项。涤纶染色后要进行还原清洗，尽可能将沾染在棉纤维上的分散染料去除，否则会影响活性染料的上染率、色泽鲜艳度和色牢度。

（2）分散/还原染料二浴法染色。

①工艺流程。

分散染料染涤纶→水洗→还原染料套染棉→水洗→皂洗→水洗

②染色工艺。染色工艺与单独的分散染料染涤纶、还原染料染棉相同。

③注意事项。涤纶染色后不用还原清洗，因为还原染料在还原溶解时有还原性，同时将沾染在棉纤维上的分散染料去除。

◎知识拓展：涤棉混纺织物烂棉操作

涤棉混纺织物用分散染料染涤纶部分后，为了便于观察涤纶的颜色，可采用浓硫酸烂棉的方法。烂棉操作一定要注意安全，同时要防止涤纶的颜色变色。烂棉时水与浓硫酸的比例一般为1∶1或2∶1，而且稀释时必须先在烧杯中加入水，边搅拌边加入浓硫酸，烂棉的温度不超过80℃，易变色的颜色如鲜艳的大红色烂棉的温度不超过60℃。加入涤棉布，搅拌，直到将棉纤维全部烂掉，水洗，再用手搓洗，烘干后即可对色。

子任务2　涤棉混纺织物分散/活性染料小样浸染

一、任务布置

教学情景：染色实验室，理论与实践一体化教学。

教学主要用具：高温高压染色机（或红外线染样机），涤棉混纺织物，分散染料、活性染料。

实践形式：分组实验，学生以2人为一个工作小组，共同制订涤棉混纺织物浸染工艺方案，然后合作进行染色打样，整理并贴样。

本次试验涤棉混纺织物的染色，采用分散/活性染料二浴法浸染。先在高温高压染色小样机或红外线染样机上用分散染料染涤纶，染后进行还原清洗，洗净后再用活性染料套染棉。

二、任务实施

（一）实施条件

1. 实验材料

涤/棉（65/35）织物半制品（每块2g）。

2. 实验仪器

高温高压染色机（或红外线染样机）、恒温水浴锅（或振荡式小样染色机）、电炉（皂煮）、烘箱、电子天平、托盘天平、玻璃染杯（250mL）、量筒（100mL）、烧杯（50mL，500mL，1000mL）、温度计（100℃）、玻璃棒、电熨斗、角匙。

3. 实验药品

磷酸二氢铵、碳酸氢钠、磷酸钠、氯化钠、尿素、工业皂粉或洗涤剂、扩散剂NNO、分散染料和活性染料。

（二）实施方案设计

1. 染色工艺流程

织物润湿→分散染料染涤纶→还原清洗→硫酸烂棉→对色→活性染料套染棉→水洗→皂洗→热水洗→冷水洗→烘干→对色

2. 分散染料染色工艺

（1）分散染料染色工艺处方及工艺条件。

分散染料	x
扩散剂NNO	1g/L
磷酸二氢铵	2g/L
浴比	1:50
温度	130℃
时间	30min

（2）分散染料染色升温工艺曲线。分散染料染色升温工艺曲线如图4－7所示。

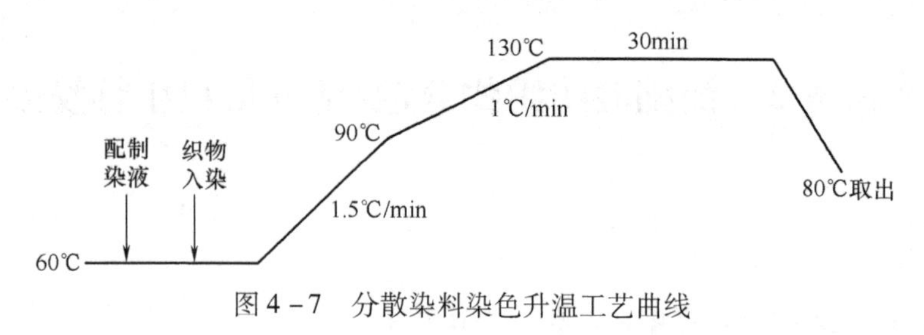

图4－7　分散染料染色升温工艺曲线

（3）还原清洗工艺。

还原清洗工艺处方：

85%保险粉	2g/L
纯碱	2g/L
浴比	1∶30
温度	85℃
时间	10min

3. 活性染料染色工艺

（1）活性染料染色工艺处方及工艺条件。

活性染料	y
元明粉	20～40g/L
纯碱	15～20g/L
浴比	1∶50
温度	60～65℃
时间	30～90min

（2）活性染料染色升温工艺曲线。活性染料染色升温工艺曲线如图4－8所示。

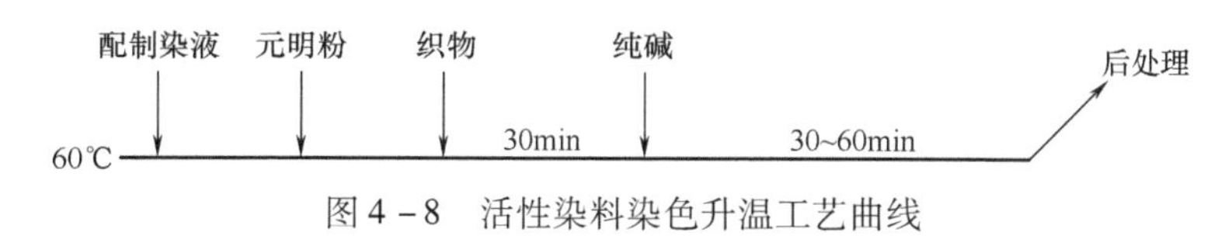

图4－8　活性染料染色升温工艺曲线

（三）操作步骤

（1）分散染料染涤纶。

①根据要求要染的颜色，确定分散染料及活性染料的染料名称及合理的浓度，拟定染色工艺，配制合适染料母液浓度，在不锈钢染杯中准确配制染色溶液。

②将事先用温水浸泡并挤干水分的织物投入染杯中，搅拌均匀，加盖拧紧。

③将染杯装入高温小样机内，启动小样机，并按编制的工艺曲线运行。

④程序运行结束，按操作要求取出染杯，冷却，打开染杯盖，取出织物，再进行水洗，还原清洗，再水洗。洗毕，加适量的冰醋酸中和，水洗。

（2）活性染料套染棉。

①按处方计算并准确配制染色溶液。

②将已染好涤纶的混纺织物挤干水分并投入染杯中，搅拌均匀。

③将染杯装入常温小样机内或恒温水浴锅中，升温至规定染色温度，按工艺曲线分别加入元明粉和纯碱，保温30～60min。

④染色结束，水洗，皂洗，水洗，烘干。

（四）注意事项

（1）用分散染料染涤时，要严格控制升温速度，避免上染太快引起色花。

（2）还原清洗后一定要水洗干净，以免影响活性染料染色色光的准确性。

三、任务小结

填写工作任务报告，见表4－4。

表4－4　工作任务报告

标样		
分散染料	工艺处方	
	工艺条件	
	仿色样	
活性染料	工艺处方	
	工艺条件	
	仿色样	
任务分析及总结		

子任务3　涤棉混纺织物轧染

一、知识准备

（一）涤棉混纺织物轧染方法

涤棉混纺织物轧染方法主要有分散/活性染料一浴法、分散/还原染料一浴法等。

（二）涤棉混纺织物轧染特点

涤棉混纺织物的轧染，适合于大批量生产，生产效率高。不足之处是染料使用受到一定限制，设备投资高，占地面积大，成品手感差等。

分散、活性两种染料同浴轧染时，因为两种染料染色所需要的条件不同，制订工艺时应尽量减少相互干扰。分散染料要求升华牢度高，对碱剂不敏感，且用量要严格控制。活性染料要求能耐较高温度，热熔温度尽量控制在下限等。

分散染料和还原染料具有许多相似之处，其染浴的基本组成相同，稳定性好，故只要染料颗粒细度满足工艺要求，便能获得满意的染色效果。

二、任务实施

（一）选择设备

涤棉混纺织物轧染一般采用热熔染色联合机，它通常是由轧车、远红外线或红外线预烘装置、热风烘燥室、热熔室（焙烘）、轧化学液槽、汽蒸箱、透风架、平洗槽、烘筒及冷却装置等多单元组成的系列设备。

（二）确定工艺

1. 涤棉混纺织物分散/活性染料一浴法

（1）工艺流程及工艺条件。

浸轧染液（25℃，轧液率60%～70%）→红外线预烘→热风烘干→烘筒烘干（90～120℃）→焙烘（190～220℃，45～90s）→汽蒸（100～103℃，30～60s）→冷水洗→酸洗→热水洗（70～80℃）→皂洗（95℃以上煮沸）→热水洗（70～90℃）→烘干

（2）工艺处方。

分散染料	x
活性染料	y
尿素	10 g/L
小苏打	30 g/L
海藻酸钠糊（5%）	10～30g/L
渗透剂JFC	1～2 g/L

（3）工艺说明。

①固色碱剂一般使用碱性较弱的小苏打，并严格控制其用量，汽蒸时小苏打分解成碳酸钠，使碱性提高，促使活性染料固色。

②尿素起助溶、吸湿膨化作用，海藻酸钠糊为防泳移剂。

③分散染料对涤/棉织物中棉纤维的沾色是普遍存在的，应选择对棉纤维沾色小的分散染料，否则会影响色牢度，因为一浴法染色后无法进行还原清洗。

2. 涤棉混纺织物分散/还原染料一浴法

织物浸轧分散/还原染料溶液后，按分散染料、还原染料不同的工艺要求分别进行处理，完成两种染料的染色。

（1）工艺流程及工艺条件。

浸轧染液（二浸二轧，轧液率60%～70%，温度20～40℃）→红外线预烘（80～100℃）→热风预烘→烘筒烘干→焙烘（180～200℃，2～3 min）→浸轧还原液（30%烧碱40～60mL/L，保险粉18～30 g/L，还原染液20～50 mL/L，室温，轧液率60%～70%）→还原汽蒸（102～105℃）→水洗（室温，1～2格）→氧化（30%双氧水0.6～1g/L，40～50℃，轧液率70%～80%）→透风（10～15s）→皂洗（肥皂4g/L，纯碱2 g/L，95℃以上，2格）→热水洗（70～90℃）→烘干

（2）工艺处方。

分散染料	x
还原染料	y
海藻酸钠糊（5%）	10～15g/L
非离子表面活性剂	1～2 g/L

（3）工艺说明。浸轧染液，染料颗粒大小要求在2μm以下，由于分散染料和还原染料中已含有大量分散剂，所以在染浴中可不加。还原染料应选择对涤纶沾色少的。热熔温度应略

高些，有利于棉上的分散染料向涤纶转移。

（三）操作注意事项

（1）生产前检查来布流程卡，同生产单号、布头布尾章印、坯布组织是否一致，避免生产错品种，造成无法弥补的事故。

（2）在生产前检查进布架是否弯曲、变形，防止织物被刮伤。

（3）每天检查轧车油压、汽压是否正常。

（4）开机前检查轧槽内小轧辊是否干净，有无纱条等杂物。

（5）每次开机前检查预烘房过滤网风槽是否阻塞，检查预烘房内导辊是否干净。

（6）预烘房温度不能太高，第一个预烘房80～90℃，第二个预烘房100～120℃，所有预烘风房只能开低速，不能开高速。

（7）开机过程中注意红外线不能太靠近织物，太近会造成中边色差，特别是对活性染料染色更要小心。

（8）随时观察轧槽内液面高低，检查液面控制器是否完好，液面过低时，会产生布面色花、色浅。开机时，预烘房温度、风速、车速等严格按照工艺上车。

◎知识拓展：分散/活性染料二浴法轧染工艺流程及工艺条件

先用分散染料染涤纶，后用活性染料染棉纤维，其工艺流程及工艺条件为：

浸轧染液（25℃，轧液率60%～70%）→红外线预烘→热风烘干→烘筒烘干（90～120℃）→焙烘（190～220℃，45～90s）→冷水辊→浸轧还原液（轧液率60%～70%）→冷水洗→酸洗→热水洗（70～80℃）→皂洗（95℃以上煮沸）→热水洗（70～90℃）→烘干

分散/活性染料二浴法轧染涤棉混纺织物的染色工艺流程长、工艺复杂，但工艺较易控制、重现性好，主要用于染翠蓝、大红等色泽，以弥补还原染料的色谱的不足。

子任务4　涤棉混纺机织物分散/还原染料小样轧染

一、任务布置

教学情景：染色实验室，理论与实践一体化教学。

实践形式：分组实验。

本子任务的目的是学会涤棉混纺机织物分散/还原染料轧染打样的基本操作技能。

二、任务实施

（一）实施条件

1. 实验设备及仪器

染杯（250mL）、量筒（10mL、100mL）、移液管和吸量管（10mL、5mL、1mL）、温度计

（100℃）、容量瓶（250mL）、洗耳球、电炉、电子天平、表面皿、角匙、玻璃棒等。

热熔轧染打底小样机、鼓风恒温烘燥箱或还原汽蒸箱。

2. 实验材料

涤/棉（65/35）半漂机织物。

3. 染料

分散染料三原色一组，还原染料三原色一组。

（二）实施方案设计

1. 工艺流程

一浸一轧→烘干→焙烘→浸轧还原液→汽蒸→水洗→氧化→水洗→皂洗→水洗→烘干→对色

2. 染浴参考处方

分散染料	x
还原染料	y
防泳移剂	10g
渗透剂 JFC	1～2g
扩散剂	1～2g
加水合成	1L

3. 还原液处方

还原液处方中烧碱与保险粉的用量与还原染料用量有关，见表4－5。

表4－5　还原液处方

染料用量（g/L）	5以下	10	20	40
30%烧碱	20	22	25	35
85%保险粉	18	20	22	32

4. 氧化液处方及工艺条件

27.5%双氧水	2～3g/L
温度	40～50℃
时间	2～3min

5. 皂洗液处方及工艺条件

肥皂	5g/L
纯碱	3 g/L
浴比	1∶30
温度	95℃
时间	3～5min

（三）操作步骤

（1）计算工艺染化料用量。按染料悬浮染液处方，计算配制100mL染液所需染料和助剂的用量；按还原液处方，计算配制100mL还原液所需保险粉、氢氧化钠的用量。

（2）配制染料悬浮液。将称取的染料置于250mL烧杯中，滴加扩散剂和渗透剂JFC溶液并调成浆状，研磨10~15min，加入少量水搅拌均匀，加水稀释至规定液量，待用。

（3）织物浸轧染液。将染液搅拌均匀，把准备好的干织物小样小心放入染液中，室温下一浸一轧，轧液率为65%~70%。

（4）烘干。浸轧后的织物悬挂在80~90℃烘箱内烘干。

（5）焙烘（180~210℃，1~2min）。

（6）配制还原液。将称取的保险粉置于250mL烧杯中，加水溶解后加入氢氧化钠，加水稀释至规定液量搅拌均匀，待用。

（7）浸渍还原液。将冷却后的烘干织物浸渍还原液后立即取出，平放在一片聚氯乙烯塑料薄膜上，并迅速盖上另一片薄膜，压平至无气泡。

（8）汽蒸还原上染。采取塑料薄膜模拟汽蒸法，把塑料薄膜包裹的布样置于130℃烘箱内预烘2min，使之还原（直到塑料薄膜四周黏合、中间鼓起气泡为止）。

（9）染后处理。将塑料薄膜袋撕破，取出织物置于配制好的双氧水溶液中氧化3~5 min或进行透风氧化10~15min，然后水洗、皂煮、水洗、干燥。

（10）剪样、对色和贴样。

（四）注意事项

（1）还原染料颗粒要细而匀（≤2μm），以确保染料悬浮液稳定。染色前应对染料的颗粒细度进行检验，常用滤纸渗圈测定法。

（2）织物浸轧前后要防止碰到水滴。

（3）织物浸渍还原液时要保持平整且时间要短，防止染料脱落。

（4）浸轧悬浮液后烘干时必须注意布面均匀加热，防止染料泳移造成染色不匀。烘箱温度一般控制在80~90℃为宜。

（5）烘干后的织物冷却后，再浸渍还原液，避免还原液温度上升导致保险粉分解。

（6）浸轧悬浮液后烘干要均匀。浸渍还原液带液量不可过多，浸渍后织物要快速夹入塑料薄膜袋中并立即放入烘箱内。塑料薄膜内空气应排尽，压平至无气泡，以免影响染料还原。

三、任务小结

填写工作任务报告表，见表4－6。

表4－6 工作任务报告表

染色处方	
贴样	
结果分析	

任务三 涤棉混纺织物整理

✲任务解析

涤棉混纺织物经过前处理、染色加工后，织物存在着幅宽不均匀、手感粗糙、外观欠佳、纬斜等现象。为了使涤/棉织物恢复原有特性并进一步提高其品质，通常要利用物理—机械方法、化学方法或物理—机械和化学联合方法进行整理。

涤棉混纺织物的一般性整理包括手感整理、外观整理和定形整理，具体有热定形、机械预缩、硬挺、柔软、电光和轧光整理等。对于这些整理，在实际生产中要根据织物类型、风格要求等合理选用。

本任务是对涤/棉织物进行定形整理，同时进行抗皱树脂整理。

（一）涤棉混纺织物一般性整理

1. 定形整理设备

涤棉混纺织物一般采用干热定形工艺，热定形设备以热风针铗链卧式热定形机应用最广泛。定形温度控制在190～210℃较为合适，经过15～30s作用，织物由针铗链送出热风房，以适当速度将织物冷却，使热定形状态得以固定，落布时，可向布面吹冷风或绕经大冷水辊筒来降温，使织物温度降至50℃以下。

2. 定形工艺流程

浸轧整理液→预烘（90～100℃）→焙烘（190～210℃，20～30s）→出布

3. 定形操作

定形操作参照涤纶织物定形。

（二）涤棉混纺织物抗皱树脂整理

1. 抗皱树脂整理设备

涤棉混纺织物抗皱树脂整理一般在树脂整理联合机上进行，它由浸轧、预烘、焙烘、水洗、烘干、热风拉幅几部分组成。

2. 整理方法及整理工艺

（1）整理方法。目前抗皱整理主要有干态交联法、含湿交联法、湿态交联法、分步交联法四类。涤棉混纺织物一般采用干态交联法整理，整理后的织物已具有较好的尺寸稳定性，“洗可穿”程度较高。

（2）干态交联法整理工艺参考处方。

M2D树脂	150～200g/L
氯化镁	25～40g/L
柔软剂	20g/L
渗透剂JFC	2～3 g/L

（3）整理工艺流程及工艺条件。

前焙烘法：

浸轧工作液→预烘→烘干（温度不超过125℃）→焙烘（150～160℃，4～5min）→皂洗→烘干→冷却打包→成衣→压烫（170℃，60～90s）→成品

后焙烘法：

浸轧工作液→预烘→烘干（温度不超过125℃）→冷却打包→成衣→压烫（170℃，60～90s）→焙烘（150～160℃，4～5min）→成品

◎知识拓展1：涤棉氨纶针织物染整

涤棉氨纶针织物具有吸湿、透气、手感柔软、高弹性及优良弹性回复性等优点，满足了人们对服装穿着舒适、贴身和保持外形不变的要求，从而广泛用于内衣、运动衣、休闲装等。

由于涤棉氨纶针织物含有一定比例的弹性氨纶丝，使它对染整加工提出了更高的要求。染整工艺流程一般为：

坯布检验→开边→预定形→缝边→煮漂→染涤→染棉→皂洗→洗水制软→脱水→烘干→开边→半成品检验→后定形→成品检验→包装→入库

染色前先预定形，以提高尺寸稳定性，使织物在染色过程中不易产生折痕及条花等疵点。预定形温度以180～190℃、时间以30～60s为宜。门幅比成品要求大10%～20%。

由于氨纶不耐高温，尤其是在酸性条件下，如果温度过高，容易使氨纶发生脆损，强力下降，造成断丝疵点。涤纶染色应选择pH在5～9.5、温度120～125℃条件下就能较好上染的分散染料，既获得好的染色效果，又不伤及氨纶。

后定形温度控制在160～170℃，速度为12～15m/min. 既保证尺寸稳定性好，缩水性好，又保证织物具有良好的弹性及强力不受损伤。

◎知识拓展2：新合纤织物染整

1. 新合纤织物的定义

新合纤织物是指纺丝改性、纺丝后加工改性和功能改性的各种新型合成纤维，通过织造、染整深加工所得到的高性能的织物。

2. 新合纤织物的分类

目前，新合纤织物的种类主要有新型丝绸风格新合纤织物、新型桃皮绒风格织物、新型精纺毛型风格新合纤织物、新型黏胶丝风格新合纤织物。

3. 新合纤织物的特性

（1）超细纤维的特性。超细纤维的单丝线密度在0.3dtex以下（真丝线密度为1.1～1.32dtex），这就赋予它具有超越真丝的优异性能。

（2）高异收缩纤维特性。高异收缩率是一般收缩丝的3～5倍，异收缩差可达15%～50%。经过染整加工，可赋予织物蓬松性，又保持织物一定的张力和身骨，使织物具有丰满

感和柔软性。

4. 新合纤织物染整加工工艺流程举例

（1）细旦丝、超细复合丝仿真丝绸织物染整工艺流程。

坯布准备→圈码钉线→退浆精练松弛→（预定形→碱减量→皂洗）→（开纤）→水洗→松烘→定形→染色→水洗→后整理（各种功能性、风格化）→拉幅定形→成品

说明：超细复合丝织物需要开纤。

（2）细旦丝、超细复合丝桃皮绒织物染整工艺流程。

坯布准备→退浆精练松弛→（预定形→碱减量→皂洗）→（开纤）→水洗→松烘→（定形）→染色→柔软→烘干→（预定形）→磨绒→砂洗→柔软拉幅定形→成品

说明：以上为超细复合丝桃皮绒中浅色加工工艺，对于深色则把染色放在磨绒与砂洗之后。细旦丝桃皮绒织物无须开纤。

5. 新合纤织物染色加工注意事项

新合纤比表面积大，上染速率快，匀染性差。应严格控制始染温度和升温速度，提高织物在染色时的染液循环速度，并注重对染料的选择。

思考与练习

一、填空题

1. 涤棉混纺织物的前处理主要是对________纤维进行处理，前处理工艺与________织物基本相同。

2. 涤棉混纺织物烧毛的目的是去除织物表面的茸毛使织物________，同时还能改善织物________现象，而且还可提高织物的________性和________性。

3. 目前涤棉混纺织物主要采用________和________的混合浆，两者比例不等，且常以________为主。常用的是________退浆，也有用________退浆的。

4. 涤棉混纺织物的丝光是针对其中的________纤维组分而进行的。

5. 涤棉混纺织物丝光设备仍以________机为主。因为它对织物的经纬向________容易控制。

6. 涤棉混纺织物的热定形主要针对________，其工艺条件基本上可参照________织物的热定形。

二、选择题（有一个或多个正确答案）

1. 涤棉混纺织物使用的烧毛设备主要采用（　　）烧毛机。

A. 气体　　B. 铜板C. 圆筒

2. 涤棉混纺织物涤部分增白常用增白剂（　　），棉部分常用增白剂（　　）。

A. DT　　B. VBLC. CPSD. 4BK

3. 涤棉混纺织物丝光的碱液浓度一般为（　　）g/L。

A. 100～120　　B. 160～180 C. 240～260 D. 280～300

4. 涤棉混纺织物热定形温度一般为（　　）℃。

A. 130～150　　B. 165～175　C. 180～210　D. 250～300

三、简答题

1. 涤棉混纺织物退浆可采用哪些方法？
2. 涤棉混纺织物的丝光操作应注意哪些事项？
3. 涤棉混纺织物的一般性整理包括哪些？
4. 涤棉混纺织物的热定形的目的是什么？应注意哪些事项？
5. 请写一个涤/棉织物防皱树脂整理的工艺处方及工艺条件。
6. 请写出涤棉混纺织物分散/活性染料一浴法轧染工艺流程及主要工艺条件。
7. 请写出涤棉混纺织物分散/还原染料一浴法轧染工艺流程及主要工艺条件。
8. 请写出涤/棉织物烂花整理的过程。

四、案例分析

某印染厂对一批涤棉混纺织物进行前处理，经检测，发现织物强力下降、布面有折皱，试分析可能产生的原因并提出预防措施。

参考文献

[1] 潘荫缝．染整打样［M］．北京：化学工业出版社，2012.
[2] 袁近．染色打样技能训练［M］．上海：东华大学出版社，2012.
[3] 沈志平．染整技术：第二册［M］．北京：中国纺织出版社，2011.
[4] 廖选亭．染整设备［M］．北京：中国纺织出版社，2009.
[5] 曾林泉．纺织品染色常见问题及防治［M］．北京：中国纺织出版社，2008.
[6] 夏建明．染整工艺学：第一册［M］．北京：中国纺织出版社，2004.
[7] 蔡苏英．染整工艺学：第三册［M］．北京：中国纺织出版社，2004.
[8] 徐谷仓．含氨纶弹性织物染整［M］．北京：中国纺织出版社，2004.
[9] 唐人成．双组分纤维纺织品的染色［M］．北京：中国纺织出版社，2003.
[10] 罗巨涛．合成纤维及混纺纤维制品的染整［M］．北京：中国纺织出版社，2002.
[11] 沈淦清．染整工艺：第二册［M］．北京：高等教育出版社，2002.
[12] 宋心远．新合纤染整［M］．北京：中国纺织出版社，1997.
[13] 黄奕秋．腈纶染整工艺（修订本）［M］．北京：纺织工业出版社，1983.